配电网工程标准施工工艺图册
10kV架空线路

国家电网有限公司设备管理部　组编

中国电力出版社

CHINA ELECTRIC POWER PRESS

内 容 提 要

国家电网有限公司设备管理部以《国家电网公司配电网工程典型设计》为核心依据，编写了《配电网工程标准施工工艺图册》丛书，包括《配电站房》《配电台区及低压线路》《10kV 电缆》《10kV 架空线路》四个分册。丛书对配电网工程施工的关键节点进行了详细描述，并针对近年常见的典型质量问题，明确了标准工艺要点。

本书是《10kV 架空线路》分册，共 12 章，主要内容包括基础施工，接地制作，杆塔组立及回填，拉线制作安装，铁件组装，绝缘子安装，放紧线、导线连接及固定，电缆沿杆敷设，柱上控制设备安装，防雷设备安装，标识安装，附属设施安装。

本丛书可供配电网工程建设、施工、设计、监理单位技术人员和管理人员岗前培训学习，还可指导配电网工程设计、施工、质量检查、竣工验收等各个环节。

图书在版编目（CIP）数据

配电网工程标准施工工艺图册. 10kV 架空线路 / 国家电网有限公司设备管理部组编. —北京：中国电力出版社，2023.12（2025.2重印）
ISBN 978-7-5198-8475-8

Ⅰ. ①配…　Ⅱ. ①国…　Ⅲ. ①架空线路–配电线路–工程施工–图集　Ⅳ. ①TM726-64

中国国家版本馆 CIP 数据核字（2023）第 240593 号

出版发行：中国电力出版社
地　　址：北京市东城区北京站西街 19 号（邮政编码 100005）
网　　址：http://www.cepp.sgcc.com.cn
责任编辑：肖　敏（010-63412363）　赵　杨
责任校对：黄　蓓　朱丽芳
装帧设计：张俊霞
责任印制：石　雷

印　　刷：三河市航远印刷有限公司
版　　次：2023 年 12 月第一版
印　　次：2025 年 2 月北京第三次印刷
开　　本：787 毫米×1092 毫米　16 开本
印　　张：8.75
字　　数：144 千字
印　　数：14001—15000 册
定　　价：60.00 元

《配电网工程标准施工工艺图册》

编 委 会

主　任　王绍武

副主任　吕　军

委　员　宁　昕　　王金宇　　王庆杰　　舒小雨　　杨松伟

　　　　叶刚进　　任　杰　　李景华　　廖学静　　康　驰

　　　　黎　炜　　王国功

《10kV架空线路》

主　编　宁　昕

副主编　王庆杰　　张鹏程　　刘师佳

参　编　朱　雷　　李晓东　　尹继明　　姚志刚　　芦　鹏

　　　　魏亚军　　邢　斌　　李互刚　　徐彦清　　黄　东

　　　　余　帅　　徐　勇　　张　怡　　高俊岗　　杨露露

　　　　薛振宇　　李德阁　　徐强胜　　李　强　　宋　璐

　　　　段晓芳　　喻　婧　　王鹏飞　　马　源　　王志勇

　　　　黄　佳　　雷　潇　　兰　剑　　颜景娴　　陈海心

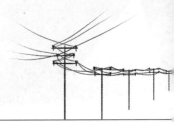

前　言

　　配电网是服务经济社会发展、服务民生的重要基础设施，是供电服务的"最后一公里"，是全面建成具有中国特色国际领先的能源互联网企业的重要基础。随着我国经济社会的不断发展，人民的生活水平日益提高，对配电网供电可靠性和供电质量的要求越来越高。近年来，国家逐步加大配电网建设改造的投入力度，配电网建设改造任务越来越重。

　　经过 20 多年的城、农网建设和改造，各网省公司总结制定了相应的工艺标准，但因其具有点多面广、地域差别大、参建人员水平参差不齐等特点，配电网工程建设质量和工艺标准不统一，还需进一步规范。

　　国家电网有限公司设备管理部以《国家电网公司配电网工程典型设计》为核心依据，结合配电网建设与改造实际，编写了《配电网工程标准施工工艺图册》丛书，包括《配电站房》《配电台区及低压线路》《10kV 电缆》《10kV 架空线路》四个分册。丛书大量采用图片，辅以必要的文字说明，对配电网工程施工的关键节点进行了详细描述，并针对近年常见的典型质量问题，明确了标准工艺要点。

　　本书是《10kV 架空线路》分册，共 12 章，主要内容包括基础施工，接地制作，杆塔组立及回填，拉线制作安装，铁件组装，绝缘子安装，放紧线、导线连接及固定，电缆沿杆敷设，柱上控制设备安装，防雷设备安装，标识安装，附属设施安装。

　　本丛书图文并茂、清晰易懂，是配电网工程建设的工艺指导书，可供配电网工程建设、施工、设计、监理单位技术人员和管理人员岗前培训学习，还可指导配电网工程设计、施工、质量检查、竣工验收等各个环节。

　　本丛书的编写得到了国网山东省电力公司、国网浙江省电力有限公司、国网四川省电力公司、国网宁夏电力有限公司的大力支持和帮助，是推行标准化建设的又一重要成果。希望本丛书的出版和应用，能够进一步提升配电网工程建设质量和水平，为建设现代化配电网奠定坚实基础。

由于编者水平及时间有限，书中难免存在错误和遗漏之处，敬请各位读者予以批评指正！

编　者

2023 年 12 月

目　录

1

基 础 施 工

本章介绍混凝土电杆、钢管杆、窄基塔等杆塔基坑、拉线坑开挖和回填，底盘、卡盘、拉盘等预制基础、套筒无筋式、台阶式等现场浇筑基础和钢管桩基础安装关键节点施工工艺。

1.1 杆 塔 基 础 形 式

配电线路杆塔地下部分除接地装置外统称为基础。杆塔基础主要分为直埋式基础、预制钢筋混凝土基础、现浇混凝土基础、钢管桩基础等。

1.1.1 直埋式基础形式

直埋式基础形式（见图 1-1）是按水泥杆相应的埋设深度在杆位处将原状土掏挖成型后直接埋设的基础形式。

1.1.2 预制钢筋混凝土基础形式

预制钢筋混凝土基础形式（见图 1-2）包括底盘、卡盘、拉盘等基础形式。

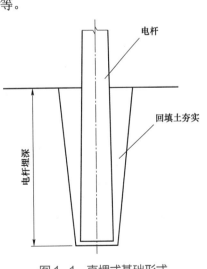

图 1-1 直埋式基础形式

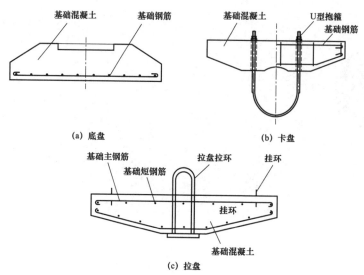

(a) 底盘

(b) 卡盘

(c) 拉盘

图 1-2 预制钢筋混凝土基础形式

1.1.3 现浇混凝土基础形式

现浇混凝土基础形式（见图 1-3）常用的形式有套筒无筋基础、套筒基础、台阶基础、灌注桩基础等。

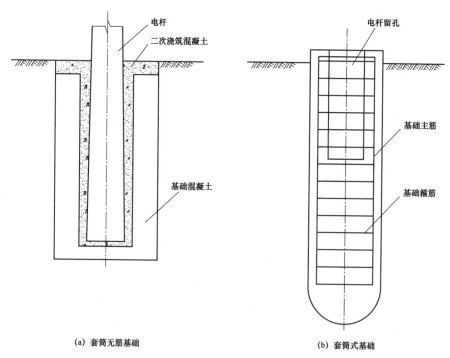

(a) 套筒无筋基础

(b) 套筒式基础

图 1-3 现浇混凝土基础形式（一）

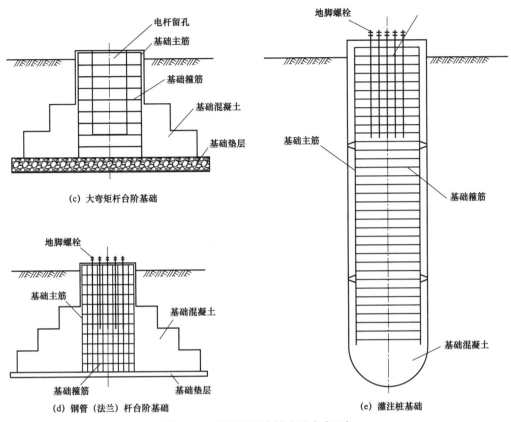

(c) 大弯矩杆台阶基础

(d) 钢管（法兰）杆台阶基础

(e) 灌注桩基础

图1-3　现浇混凝土基础形式（二）

1.1.4　钢管桩基础形式

钢管桩基础（见图1-4）主要由顶部法兰和钢管桩组成。

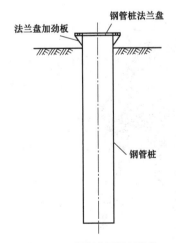

图1-4　钢管桩基础形式

1.2 基 坑 施 工

1.2.1 线路路径复测

线路工程开工前，以设计图纸为依据对线路路径进行复测，复测的基本允许误差要求如下：

（1）直线杆顺线路方向位移不超过设计档距的 3%；横线路方向位移不超过 50mm。

（2）转角杆、分支杆的横线路、顺线路方向的位移均不应超过 50mm。

（3）双杆基坑根开的中心偏差不应超过±30mm。

（4）当遇有地下管线等障碍物不能满足上述横线路方向位移要求时，位移在不超过一个杆根时，可采取加卡盘或拉线等补强措施。

1.2.2 基坑定位、分坑

1.2.2.1 线路电杆基坑定位

根据线路施工的相关操作规程规定，电杆基础坑位开挖施工前应按设计的要求对杆坑中心进行定位。进行基坑中心定位时，应按照线路测量规程的要求，采用规范的测量仪器进行测量定位，如图 1–5 所示。

图 1–5　杆塔定位测量作业

1.2.2.2 基础分坑测量

（1）一般直线电杆基础的分坑测量。一般电杆基础包括无拉线、无底盘的电杆基础和带拉线、底盘的基础两种形式。

1）无拉线、无底盘的一般直线电杆基础分坑（见图1-6和图1-7）。

步骤一：首先在线路方向上测定线路方向上的直线 AB，并用直线测量的方法校核电杆中心 O，使其在线路直线方向上。

步骤二：从设计图纸查出电杆基础中心到点 A、B 的距离 L_{AO}、L_{OB}，用距离测量的方法测定 O 的具体位置，并在 O 点钉桩，作为基坑开挖的中心桩。在 O 点附近线路方向上钉立方向控制桩 A'、B'，A'、B' 距离中心 O 点的距离应不超过5m。

当地面为平地且线路档距不太大时，可直接用钢卷尺丈量确定 O 点的位置；若地形起伏较大或线路档距较大时，应采用测量仪器按视距法对 O 点位置进行测定。

步骤三：在电杆中心 O 点处加设垂直于线路方向 AB 的横向控制桩 M、N，M、N 距电杆中心 O 点的距离应控制在2m左右（以不影响挖坑的距离为宜）。

完成上述步骤的操作后，如在施工过程中出现 O 桩的丢失，通过 M、N 和 A'、B' 拉直线，就可以重新找到 O 点的位置。

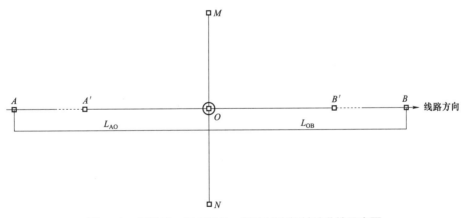

图1-6 无拉线、无底盘的一般直线电杆基础分坑示意图

2）带底盘的直线电杆基础分坑。设基础坑的开口大小为 a，带底盘的直线电杆基础分坑示意图（见图1-8）。

参照无拉线、无底盘的一般直线电杆基础分坑的步骤一到步骤三的操作后，以 O 点为基准，分别在 M、N 和 A'、B' 的方向上量取半坑口宽度 $a/2$ 的距离定立12、23、

图1-7 一般直线电杆基础钉桩作业

34、41 四个坑边中心桩（见图1-8），并以这4个桩为基准进行坑口的放样。具体操作方法如下：用一钢卷尺或皮尺，取长度为 a 的尺长，由两人分别将两端对准两相邻边中心桩12、23，另一人在尺的中点处将尺拉直，定出基础的角点2；以此类推，重复上述操作过程，分别定出基础坑的四个角顶点 1、2、3、4，并画出开挖边线。坑口放样作业图1-9 所示，坑口测量作业如图 1-10 所示，一般直线杆分坑测量效果图如图 1-11 所示。

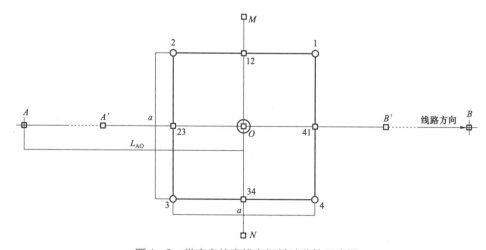

图1-8 带底盘的直线电杆基础分坑示意图

图1-9 坑口放样作业

图1-10 坑口测量作业

（2）直线双杆基础分坑测量。直线双杆基础中心桩的测量及放样与一般直线杆中心桩方法一致。测量根开时，先找出线路中心线的垂直线，用皮尺在中心桩的左右侧沿线路中心线的垂直线各量出根开距离的1/2处，各打一标桩作杆位中心桩。按照一般直线杆坑口放样方法分别定出两个基坑角点并画出开挖边线。直线双杆分坑测量效果图如图1-12所示。

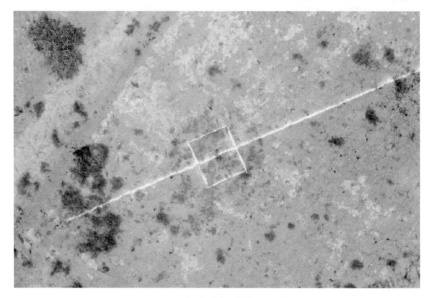

图 1-11　一般直线杆分坑测量效果图

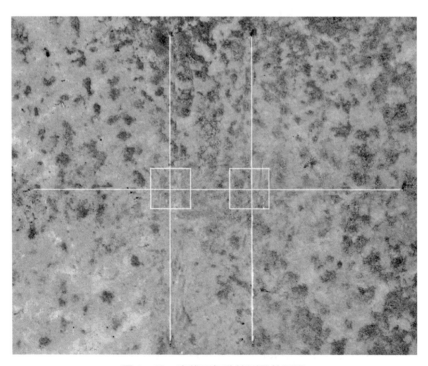

图 1-12　直线双杆分坑测量效果图

（3）转角杆基础分坑测量（见图 1-13）。

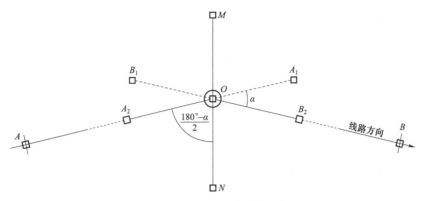

图 1-13 转角杆基础分坑示意图

1）测定转角点（为了既检验原转角桩的位置是否变化，又确保直线准确，采用两侧直线交叉确定），定出角平分线。具体测量操作过程如下：

步骤一：在直线 AA_1 侧，以线路中心线为基准测定直线，并在直线上定立 A_1、A_2 点。

步骤二：同理在直线 B、B_1 侧定出 B_1、B_2 点。

步骤三：通过连线 A_1、A_2 和 B_1、B_2，在两直线交叉点处定电杆中心桩 O。

步骤四：在 O 点用测量仪器准确地测定线路的转角度 α，并与设计值比较，确认符合设计要求并在规程允许范围内。

步骤五：以 OA_2（或 OB_2）为基准，将仪器旋转（$180° - \alpha$）/2，定出线路转角点处的角平分线 MN。

2）按一般电杆基础分坑方法完成坑中心定位和坑口放样。

完成上述测量操作后，便可参照直线电杆的基础分坑方法进行电杆主杆坑中心定位及坑口放样，完成转角电杆基础的分坑测量。转角杆基础分坑测量效果图如图 1-14 所示。

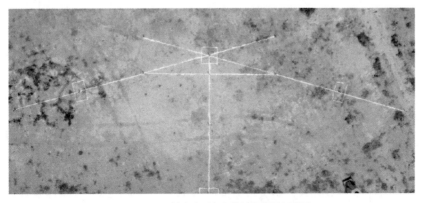

图 1-14 转角杆基础分坑测量效果图

1.2.2.3 拉线盘基坑定位

架空配电线路中电杆的拉线形式很多，但拉线盘基坑分坑方法基本相同，不同的只是拉线方向的确定及拉线数量的多少，这取决于线路转角度的大小。下面以线路转角耐张杆型拉线为例，介绍拉线盘基坑中心的定位及分坑。

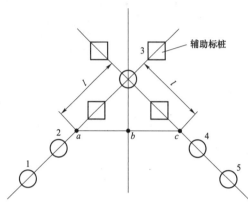

图 1-15 转角拉线分坑示意图

（1）转角拉线分坑示意图如图 1-15 所示，沿两线路方向从 3 号标桩处各量相等距离 *l*，打下辅助标桩 *a*、*c*，连接 *a*、*c* 两点，取其等分点 *b*，则 *b* 点与 3 号杆杆桩连线的延长线方向，即向转角杆拉线的方向。

（2）沿需要安装拉线的方向，分别用钢卷尺量取 D_0、D 的长度，定立拉线棒出土点位桩和拉线坑中心点位桩，其中 D_0、D 的长度是由电杆结构的计算得到，计算方法如下。

1）当电杆中心高于拉线中心时（见图 1-16）。

$$D = (H_0 - h_2 - h_3 + h + h_1 - h_0)\tan\beta$$
$$D_0 = (H_0 - h_2 - h_3 + h)\tan\beta$$

2）当电杆中心低于拉线中心时（见图 1-17）。

$$D = (H_0 - h_2 - h_3 - h + h_1 - h_0)\tan\beta$$
$$D_0 = (H_0 - h_2 - h_3 - h)\tan\beta$$

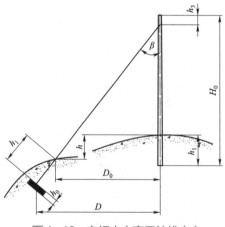

图 1-16 电杆中心高于拉线中心

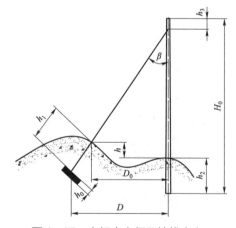

图 1-17 电杆中心低于拉线中心

注：电杆长度为 H_0，电杆的埋深为 h_2，拉线抱箍距杆顶的距离为 h_3，拉线盘的埋深为 h_1，拉线盘厚度为 h_0，拉线坑中心与电杆中心的高差为 h，拉线与电杆中心轴线的夹角为 β，杆中心到拉线坑中心的距离为 D，杆中心距拉线棒出土点的距离为 D_0。

（3）根据拉线盘结构尺寸和现场土质确定拉线坑的开口大小，参考直线电杆底盘坑口放样的方法确定拉线坑口的尺寸。

1.2.3 基坑开挖

1.2.3.1 普通电杆基坑开挖

普通电杆基坑适用于直埋式基础和加装预制混凝土基础。依据基础设计图纸和地形、地质及现场情况确定开挖方式，一般采用机械开挖作业（见图 1−18）、人工修补作业，机械无法进入的作业场地需进行人工开挖。基础开挖应根据深度和地形、地质按规定放坡，安全坡度系数表见表 1−1，必要时采取加固等措施，防止坍塌和物体坠落，坑内渗水、积水应及时排除。基坑坑底应平整、夯实，如底部遇软土层或淤泥，加深开挖，直至全部清除换土。

图 1−18　机械开挖作业

表1-1　　　　　　　　　　安 全 坡 度 系 数 表

土壤分类	砂土、砾土、淤泥	砂质黏土	黏土、黄土	坚土	岩石
安全坡度系数 K_p	0.75	0.5	0.3	0.15	0

电杆基础坑深度应符合设计规定。在设计未作规定时要满足表 1-2 埋深要求。埋深允许偏差-50～+100mm。

表1-2　　　　　　　　水泥杆埋设深度及根部弯矩计算点距离

杆长（m）	10	12	15	18
埋深（m）	1.7	1.9	2.3（2.5）	2.8
根部弯矩计算点距离（距水泥杆底部）	1.13	1.27	1.53	1.87

注　括号内数据表示双回线路15m杆埋深。

加装底盘、卡盘时，电杆基坑开挖总深度为电杆埋深加底盘高度，基坑宽度应能满足底盘、卡盘安装要求。

1.2.3.2　现浇混凝土基础基坑开挖

现浇混凝土基础基坑开挖方式主要有放坡分层开挖、钻孔开挖等，应根据基坑面积大小、开挖深度、支护结构形式、环境条件等因素选用。

（1）放坡分层开挖施工要点。

1）基坑开挖前应做好对基坑中心桩的保护措施，对于施工中不便于保留的中心桩，应在基础外围设置辅助桩，保留原始记录，待基础浇筑完成后，及时恢复中心桩。

2）基坑开挖根据土层地质条件确定放坡系数，根据地形、地质条件，优选机械进行开挖。地下水位较高时，应采取有效的降水措施，流沙坑宜采取井点排水。

3）按深度分为多层，进行逐层开挖，软土地基分层厚度应控制在 2m 以内；硬质土分层厚度应控制在 5m 以内为宜。若土质较差且基坑施工时间较长，边坡坡面可采用钢丝网喷浆等措施进行护坡，以保持基坑边坡稳定。在软土地基下，不宜挖深过大，一般控制在 6～7m，坚硬土层则不受此限制。

4）基坑开挖完成后应及时浇筑。湿陷性黄土、泥水坑等情况应按设计要求进行地基处理，垫层强度符合要求后方可进行钢筋绑扎和模板支设。

5）开挖深度和宽度要符合设计要求，超挖不大于 200mm，允许偏差-50～+100mm。

（2）钻孔开挖施工要点。

1）基坑开挖前应做好对基坑中心桩的保护措施，对于施工中不便于保留的中心桩，应在基础外围设置辅助桩，保留原始记录，待基础浇筑完成后，应及时恢复中心桩。

2）基础放样时应核实边坡稳定控制点在自然地面以下，并保证基础埋深不小于设计值。放样后四周设护桩并复测，误差控制在 5mm 以内。

3）应根据地形、地质条件，尽可能采用机械开挖。当采取人工掏挖方式时应有安全保证措施，对孔壁风化严重或砂质层应采取护壁措施。

4）根据桩位点设置护筒，护筒采用钢护筒，其内径比桩径大 150～200mm。护筒埋设在黏性土中深度不宜小于 1000mm，在砂土中不宜小于 1500mm。护筒顶端要高出原地面 200～300mm。

5）钻机工作范围内地面必须保持平整和压实。正确就位钻机，钻机就位应保持平稳，不发生倾斜、位移，使机体垂直度、钻杆垂直度和桩位钢筋条三线合一。

6）钻孔作业要根据地质情况调整钻机的钻进速度，钻进时应先慢后快。钻进过程中应检查纠正钻机桅杆的水平和垂直度，保证钻孔的垂直度。

7）人工挖孔施工还要注意以下问题：

a. 易发生坑壁坍塌的基坑应按设计要求采取可靠的护壁措施，护壁宜采用现浇钢筋混凝土，单节混凝土护壁不超过 1m。

b. 每节桩孔护壁做好以后，必须将桩位"十"字轴线和标高测设在护壁的上口，用"十"字线对中，吊线坠向井底投射，以半径尺杆检查孔壁的垂直平整度和孔中心。

c. 采用电动葫芦、卷扬机或手摇磨车将开挖土吊离桩孔，严禁将土堆在井口。

d. 扩底部分开挖。挖扩底桩应先挖扩底部位桩身的圆柱体，再按扩底部位的尺寸、形状自上而下削土扩充，扩底部分可不浇筑护壁。

e. 成孔后应清理护壁上的淤泥和孔底残渣、积水，孔底不应积水，必要时应用水泥砂浆或混凝土封底。

1.2.3.3 拉线盘坑开挖

开挖拉线坑时，拉线基坑开挖深度应满足设计要求，基坑深度允许偏差为 −50～+100mm。根据设计的拉线角度，从拉线基坑向电杆方向开窄长马槽，马槽不得大开挖，以保证拉线棒侧坑壁的原状土结构。预制拉盘基础的坑底应根据拉线与电杆轴线间的夹角大小挖成适当斜坡。拉线盘安装效果如图 1-19 所示。

图 1-19 拉线盘安装效果图

1.3 基 础 安 装

1.3.1 底盘安装

底盘安装时要对基坑底部进行抄平、夯实，底盘安装应平整，其横向位移不应大于50mm，底盘校正后应填土夯实至底盘表面。底盘安装效果如图 1-20 所示。

图 1-20 底盘安装效果图

1.3.2 卡盘安装

单卡盘安装，卡盘安装完毕后，卡盘上平面距地面不小于 500mm，深度允许偏差为±50mm。卡盘安装应与线路平行，并顺线路方向左、右侧交替安装，防止电杆倾斜。

双卡盘安装，上、下卡盘对侧安装，上卡盘上平面距地面不小于 500mm，深度允许偏差为±50mm。

卡盘位置及方向调正后，紧固抱箍螺母使卡盘与电杆固定牢固。回填土应每 300mm进行夯实，松软土质的基坑，回填土时应增加夯实次数或采取加固措施。

卡盘安装效果如图 1-21 所示。

图 1-21 卡盘安装效果图

1.3.3　拉线盘安装

（1）拉盘置于拉线坑内，拉线棒置于坡道内，焊口朝下，拉线棒应与拉线盘垂直，拉线棒露出地面长度为 500～700mm。拉线盘安装效果如图 1-22 所示。

(a) 拉线棒与抱箍组装图

(b) 拉线棒与拉线盘组装图

(c) 拉线棒外露地面示意图

图 1-22　拉线盘安装效果图

（2）拉线棒与电杆夹角宜为45°，当受地形限制时可适当减小，但不应小于30°。

（3）如遇高腐蚀性土质，拉线棒应进行防腐处理，防腐处理后应超出地面不小于200mm。拉线棒应防腐处理步骤：① 拉线棒浸泡沥青；② 用200mm 宽麻布条以螺旋方式缠绕并用细铁丝每隔 200mm 绑扎牢固，绑扎完毕后再用沥青浸透，此环节重复两遍。拉线棒防腐处理如图 1-23 所示。

拉线盘的强度、埋设深度和方向应符合设计要求，回填土应每 300mm 夯实一次，拉线坑应挖设马道，地面上应留有高 300mm 的防沉台，绿化带或水泥、沥青地面可不设防沉台，应恢复原状。拉线基坑回填夯实如图 1-24 所示。

图1-23　拉线棒防腐处理

图1-24　拉线基坑回填夯实

1.3.4 现浇混凝土基础安装

1.3.4.1 台阶式基础

台阶式基础施工应符合下列规定：

（1）在混凝土垫层未浇灌前将基坑底杂物、浮土清理干净，对基坑底部抄平并夯实（见图 1-25）。使基坑底部平整、清洁、牢固。垫层施工时，应横纵每 6m 设中间水平桩控制垫层厚度。浇灌垫层后应第二次再抄平（见图 1-26）。

图 1-25　基坑底部抄平

图 1-26　垫层找平作业

（2）钢筋加工符合《混凝土结构工程施工质量验收规范》（GB 50204）要求，钢筋连接符合《钢筋焊接及验收规程》（JGJ 18）和《钢筋机械连接技术规程》（JGJ 107）要求，在同一连接区段内的接头错开布置，接头数量不得超过 50%。钢筋应平直，无局部曲折，加工钢筋的允许偏差为：受力钢筋顺长度方向全长的净尺寸为±10mm；弯起钢筋的折弯位置为±20mm，钢筋笼成品效果见图 1-27。

图 1-27　钢筋笼成品效果图

（3）浇筑混凝土的模板表面应平整且接缝严密，混凝土浇筑前模板表面应涂脱模剂（见图 1-28）。

图 1-28　混凝土浇筑作业

（4）地脚螺栓丝扣露出样板法兰的高度应在操平模板后符合设计图纸规定。丝扣部分应涂以黄油并进行包裹措施（见图 1-29）。

图 1-29 地脚螺栓安装效果图

（5）混凝土浇筑前钢筋、地脚螺栓表面应清理干净。复核地脚螺栓间距、基础根开及立柱标高等满足设计要求。

（6）混凝土下料高度超过 2m 时，应采取防止离析措施。

（7）冬期施工应采取防冻措施，混凝土拌合物的入模温度不得低于 5℃。高温施工时混凝土浇筑入模温度不应高于 35℃。雨季施工基坑或模板内采取防止积水措施，混凝土浇筑完毕应及时采取防雨措施。基础混凝土应根据季节和气候采取相应的养护措施。

（8）混凝土宜按台阶分层连续浇筑完成，对于阶梯形基础，每一台阶作为一个浇捣层，每浇筑完一台阶宜稍停 0.5～1.0h，待其初步获得沉实后，再浇筑上层，基础上有插筋埋件时，应固定其位置。

（9）混凝土应分层捣固，插入式振捣器为振捣棒长度的 1.25 倍。杆塔地脚螺栓周围应捣固密实。使用振捣器有两种操作方法。立柱宜用垂直插入法，底板宜用斜向插入法。振捣器应当快插慢拔，插点均匀排列，有序进行。插点不得遗漏，要求均匀振实。振捣器的移动间距应不大于作用半径 1.5 倍，一般为 300～400mm。每一位置的振捣时间，应能保证混凝土获得足够的捣实程度，以混凝土表面呈现水泥浆和不再出现气泡，不再显著沉落为止。一般每次宜为 20～30s。不允许振捣过久，否则会漏浆。振捣上层混凝土时，应插入下一层混凝土 30～50mm，以消除两层间的接合缝。上层振固好后，不许再次捣固下层。

（10）浇筑完成的基础应及时清除地脚螺栓上的残余水泥砂浆，并对基础及地脚螺栓进行保护。

（11）基础混凝土浇筑完后，外露表面应在 12h 内覆盖并保湿养护。气温较高时，应在浇注完后 3h 内开始养护。混凝土养护作业如图 1-30 所示。

图 1-30　混凝土养护作业

（12）基础拆模时的混凝土强度应保证其表面及棱角不损坏。台阶式基础成品效果如图 1-31 所示。

图 1-31　台阶式基础成品效果图

（13）基础安装经质量检查验收符合设计规定及质量标准后方可回填土。回填土前应排除坑内积水和杂物。对适于夯实的土壤，每回填 300mm 厚夯实一次；对不宜夯实的水饱和黏性土，回填时可不夯，但应分层填实，并在架线前进行二次回填，回填夯实作业如图 1－32 所示。

图 1-32　回填夯实作业

（14）基础允许偏差：① 基础埋深 -100～+0mm；② 立柱及各底座断面尺寸 -0.8%；③ 钢筋保护层厚度 -5mm；④ 基础顶面高差 ±5mm；⑤ 同组地脚螺栓对立柱中心偏移 ±8mm；⑥ 整基基础中心位移：顺线路方向 ±24mm，横线路方向 ±24mm；⑦ 地脚螺栓露出混凝土面高度 -5mm～+10mm；⑧ 主筋间距允许偏差应为 ±10mm，箍筋间距允许偏差应为 ±20mm，钢筋骨架直径允许偏差应为 ±10mm，钢筋骨架长度允许偏差应为 ±50mm。

1.3.4.2　灌注桩基础

灌注桩基础施工应符合下列规定：

（1）钢筋加工符合《混凝土结构工程施工质量验收规范》（GB 50204）要求，钢筋箍筋、拉筋的末端应按设计要求做弯钩，弯钩的弯折角度、弯折后平直段长度应符合标准规定。钢筋连接符合《钢筋焊接及验收规程》（JGJ 18）和《钢筋机械连接技术规程》（JGJ 107）要求，在同一连接区段内的接头错开布置，接头数量不得超过 50%。钢筋笼的节与节之间应用电焊机在孔口对接焊接，主筋接口应对齐，先点焊，后施焊，待焊口自然冷却后方可吊入孔内。钢筋保护层厚度控制符合设计要求。

（2）现场浇筑混凝土应采用机械搅拌，并应采用机械捣固。有条件的地区应使用预拌混凝土。混凝土下料高度超过 2m 时，应采取防离析措施。

（3）冬期施工应采取防冻措施，混凝土拌合物的入模温度不得低于 5℃。高温施工时混凝土浇筑入模温度不应高于 35℃。雨季施工基坑或模板内采取防止积水措施，混凝土浇筑完毕应及时采取防雨措施。基础混凝土应根据季节和气候采取相应的养护措施。

（4）基础混凝土应一次浇筑成型，内实外光，杜绝二次抹面、喷涂等修饰。

（5）浇筑完成的基础应及时清除地脚螺栓上的残余水泥砂浆，并对基础及地脚螺栓进行保护。

（6）基础拆模时的混凝土强度应保证其表面及棱角不损坏。

（7）基础允许偏差：① 孔径允许偏差：−50mm；② 孔垂直度允许偏差：小于桩长 1%；③ 孔深：不小于设计深度；④ 立柱及承台断面尺寸允许偏差应为−0.8%；⑤ 钢筋保护层厚度允许偏差应为−5mm；⑥ 钢筋笼直径允许偏差应为±10mm，主筋间距允许偏差应为±10mm，箍筋间距允许偏差应为±20mm；⑦ 钢筋笼长度允许偏差应为±50mm；⑧ 同组地脚螺栓对立柱中心偏移允许偏差应为±8mm；⑨ 整基基础中心位移，顺线路方向允许偏差应为±24mm，横线路方向允许偏差应为±24mm；⑩ 地脚螺栓露出混凝土面高度允许偏差应为−5～+10mm。混凝土承台效果如图 1−33 所示。

图 1−33　混凝土承台效果图

2

接 地 制 作

本章介绍架空线路需要在设备外壳、钢管杆、窄基塔、户外电缆头金属屏蔽层、防雷绝缘子、避雷器等设置可靠的接地，以保证线路设备的安全可靠运行。

2.1 接 地 装 置 形 式

根据电气设备的种类及土壤电阻率的不同，接地体的形式一般有以下几种：

（1）放射性接地体：采用一至数条接地带敷设在接地槽中，一般应用在土壤电阻率较低的地区。

（2）环状接地体：用扁钢围绕杆塔构成的环状接地体。

（3）混合接地体：由扁钢和钢管及角钢组成的接地体。

2.2 接 地 沟 槽 开 挖

（1）接地沟槽尺寸应按照设计要求进行开挖。

（2）土方开挖由专人指挥，严格遵循"分层开挖、严禁超挖"的原则。

（3）当开挖接近沟槽底板 300mm 时，土方由人工进行修整。

2.3 接地体安装

2.3.1 垂直接地体安装

（1）按照设计或规范的要求长度进行垂直接地体的加工。

（2）垂直接地体的下端部切割角为45°～60°。

（3）热镀锌角钢作为垂直接地体时，其切割面，在埋设前需防腐处理。

（4）按照设计图纸的位置安装垂直接地体。

（5）垂直接地体的埋入深度应满足设计或规范要求。

（6）安装结束后在上端敲击部位采用防腐处理。

（7）垂直接地体未埋入接地沟之前应在垂直接地体上焊接一段水平接地体，水平接地体宜预制成弧形或直角形。

2.3.2 石墨接地体安装

（1）石墨接地体电阻率及工频电阻值应满足《复合接地体技术条件》（GB/T 21698—2008）中关于复合接地体的相关技术要求。

（2）安装采取先地下后地上的施工顺序，选择在土质好的地方挖沟铺设辐射线。辐射线以圆形为主，挖沟的宽度为0.3～0.5m，深度为0.8～1m。接地体沟底要求平整、无碎石、杂物；然后在沟底部铺50～100mm的细土层。石墨接地敷设效果图如图2-1所示。

（3）把石墨防雷接地体敷设在沟里，然后用专用绑扎线把接头绑扎牢固，禁止利用利器刮伤石墨导电层，使用过程中禁止大角度弯折接地体。土壤条件恶劣的环境下应增加接地体的用量，遇到土质较好的环境时可适当减少用量。石墨接地连接效果图如图2-2所示。

（4）石墨接地体敷设安装完成后分层回填，首先回填300～500mm的细湿土或者优质黏土，然后用水充分灌透，最后用细湿土或者优质黏土回填并夯实。用仪器测量接地电阻，要求无地线的杆塔在居民区宜接地，接地电阻不宜超过30Ω；保护配电柱上断路器、负荷开关和电容器组等柱上设备的避雷器的接地体（线），应与设备外壳相连，接地装置的接地电阻不宜大于 10Ω。在高电阻土壤中，如达不到电阻要求时，需增加防雷接地体的敷设，直至达标。

图 2-1　石墨接地敷设效果图

图 2-2　石墨接地连接效果图

2.3.3　接地网敷设

（1）接地体埋设深度应符合设计规定，当设计无规定时不应小于 600mm。

（2）接地网的连接方式应符合设计要求，钢接地体的连接应采用搭接焊接，焊接应牢固、无虚焊。

（3）接地网敷设，焊接后在防腐层损坏焊痕外 100mm 内再做防腐处理。

（4）裸铜绞线与铜排及铜棒接地体应采用热熔焊，热熔焊方法及要求如下：

1）对应焊接点的模具规格应正确完好，焊接点导体和焊接模具清洁。

2）大接头焊接应预热模具，模具内热熔剂填充密实。

3）接头内导体应熔透。

4）铜焊接头表面光滑、无气泡，应用钢丝刷清除焊渣并涂刷防腐清漆。

2.3.4　接地体焊接

（1）接地极的连接应采用焊接，异种金属接地极连接时接头处应采取防止电化学腐蚀的措施。

（2）电气设备上的接地线，应采用热镀锌螺栓连接；有色金属接地线不能采用焊接时，可用螺栓连接。螺栓连接处的接触面应按现行国家标准《电气装置安装工程母线装置施工及验收规范》（GB 50149—2010）的规定执行。接地极螺杆连接效果图如图 2-3 所示。

图 2-3　接地极螺杆连接效果图

（3）热镀锌钢材焊接时，在焊痕外不小于 100mm 范围内应采取可靠的防腐处理。在做防腐处理前，表面应除锈并去掉焊接处残留的焊药。

（4）接地线、接地极采用电弧焊连接时应采用搭接焊接方式，其搭接长度应符合下列规定：

1）扁钢应为其宽度的 2 倍且不得少于 3 个棱边施满焊。

2）圆钢应为其直径的 6 倍且两面施焊。

3）圆钢与扁钢连接时，其长度应为圆钢直径的 6 倍且两面施焊。

4）扁钢与钢管、扁钢与角钢焊接时，除应在其接触部位两侧进行焊接外，还应有钢带或钢卡子与钢管或角钢焊接。

（5）接地极（线）的连接工艺采用热焊接时，其焊接接头应符合以下规定：

1）被连接的导体截面应完全包裹在接头内。

2）接头的表面应平滑。

3）被连接的导体接头表面应完全融合。

4）接头应无贯穿性的气孔。

环网焊接效果如图 2-4所示，接地扁铁连接倍数效果如图 2-5所示。

2.3.5 接地网防腐

在接地装置焊接完毕后，表面必须清除残留的焊渣并除锈，焊接部位及外侧 100mm 范围内应涂刷抗腐蚀性能好且符合环保要求的防腐涂料或防锈剂。接地线防腐效果如图 2-6 所示，接地装置防腐效果如图 2-7 所示。

图 2-4　环网焊接效果图

图 2-5　接地扁铁连接倍数效果图

图 2-6　接地线防腐效果图

图 2-7　接地装置防腐效果图

2.4　接地沟槽回填

（1）在接地沟回填土前应经过验收，合格后方可进行回填工作。

（2）回填土采用无腐蚀性或腐蚀性小的土壤，不应夹有石块和建筑垃圾等，外取得土壤不应有较强的腐蚀性。在回填土时应分层夯实，室外接地沟回填宜有 100～300mm

高度的防沉层。

（3）在山区石质地段或电阻率较高的土质区段的沟槽土沟中敷设接地极，回填不应小于 100mm 厚的净土垫层，并应用净土分层夯实回填。接地体敷设完毕效果如图 2-8 所示，接地体回填后防沉层效果图如图 2-9 所示。

图 2-8　接地敷设效果图

图 2-9　接地体回填后防沉层效果图

3 杆塔组立及回填

本章介绍混凝土电杆和钢管杆的组立及回填施工要点。

3.1 混凝土电杆组立

混凝土电杆组立前应再次对其外观进行检查，并应符合以下要求：

（1）普通钢筋混凝土电杆表面应无纵向裂缝，横向裂纹的宽度不应超过 0.1mm，长度不应超过 1/3 周长。预应力混凝土电杆应无纵、横向裂纹。

（2）杆身弯曲不应超过杆长的 1/1000。

（3）分段混凝土杆钢板圈或法兰应无变形，端面应垂直于杆段轴线。

电杆外观检查如图 3-1 所示。

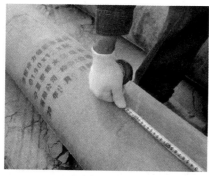
(a)3m 标记线长度测量检查

(b) 电杆底部直径测量稽查

图 3-1 电杆外观检查

3.1.1 杆塔组立

电杆组立方法分为人工立杆和机械立杆两种。常用的人工立杆方法有倒落式人字抱杆立杆、固定独角抱杆立杆、人字抱杆立杆。

电杆组立工艺质量要求：

（1）单电杆立好后应正直，其位置偏差应符合下列规定：

1）直线杆的横向位移不应大于 50mm。

2）直线杆的倾斜不应大于杆梢直径的 1/2。

3）转角杆的横向位移不应大于 50mm。

4）转角杆应向外角预偏，紧线后不应向内角倾斜，向外角的倾斜，其杆梢倾斜不应大于杆梢直径。

5）终端杆应向拉线受力侧预偏，其预偏值不应大于杆稍直径，紧线后不应向受力侧倾斜。

（2）双杆立好后应正直，其位置偏差应符合下列规定：

1）直线杆结构中心与中心桩之间的横向位移不应大于 50mm；转角杆结构中心与中心桩之间的横、顺向位移不应大于 50mm。

2）迈步不应大于 30mm。

3）根开不应超过±30mm。

4）两杆高低差不应大于 20mm。

3.1.2 杆坑回填

电杆基坑回填施工要点如下：

（1）回填时应清除坑内积水、杂物。

（2）普通土回填，应用原坑挖出的土进行回填，回填土内应无石块等杂物。当原坑土不足时，可以另行取土或石粉回填，但取土的地点必须在杆位边缘 5m 外并应除去植被；并且无较强的腐蚀性土壤。

（3）回填土时，应在基坑内同时进行夯实，每回填 300mm 夯实一次。

（4）基坑填满后，坑口的地面上应筑防沉层。防沉层的上部边宽不得小于坑口边宽，其高度视土质夯实程度确定，一般以 300～500mm 为宜，电杆防沉台效果图如图 3-2 所示。

（5）在拉线和电杆易受洪水冲刷的地方，应设保护桩或采取其他加固措施。

根据土质夯实程度一般300～500mm

图 3-2 电杆防沉台效果图

3.2 钢管杆组立

（1）钢管杆安装前应再次进行外观检查，并应符合下列规定：

1）镀锌层表面应完好、无剥落和锈蚀，镀锌层的厚度应符合设计规定；需采用防护漆时，应喷涂均匀。

2）杆身弯曲度不应超过杆长的 1/1000，且不应大于 10mm。

3）法兰连接孔位准确，局部间隙不应大于 3mm，对孔错边不应大于 2mm。套接连接处配合应紧密，套接长度应符合设计要求。

4）爬梯脚钉应完整，连接牢固，焊接处无咬边。防坠滑道无变形、扭曲。

5）焊接坡口应保证焊缝坡口处平整、无毛刺、无裂纹、无气割熔瘤、无氧化层、夹层等缺陷。

6）法兰采用整体钢板制作，严禁拼接。

7）钢管杆主杆及横担应采用连续的钢板制作，除杆身法兰外不允许采用环向焊接连接。

（2）钢管杆组立及附件安装要点。

1）运至现场的散件材，在组装前应按照施工顺序分类核对清点排列。

2）组装时要熟悉图纸，认清图号，看清材料编号，并注意图上有关特殊说明或注意事项。

3）构件组装有困难时，应查明原因，严禁强行组装。少量螺孔位置不对需扩孔时，扩孔部分不应超过 3mm，严禁用气割扩孔烧孔。

4）横担与主杆对接间隙应紧密，严禁有空隙。

5）螺栓连接构件应遵守以下规定：

a. 螺杆与构件面应垂直，螺栓头平面与构件间不应有空隙。

b. 螺母拧紧后，螺杆露出螺母的长度：单螺母不应小于两个螺距，双螺母可与螺杆相平。

c. 必须加垫片处，每端不宜超过两个，否则应装垫块。

d. 安装高强度螺栓时，严禁强行穿入。当不能自由穿入时，该孔应用铰刀进行修整，修整后孔的最大直径不应大于 1.2 倍螺栓直径，且修孔数量不应超过该节点螺栓数量的 25%。修孔前应将四周螺栓全部拧紧，使板迭密贴后再进行铰孔。严禁气割扩孔。《钢结构高强度螺栓连接技术规程 》（JGJ 82—2011）。

e. 按标准孔型设计的孔，修整后孔的最大直径超过 1.2 倍螺栓直径或修孔数量超过该节点螺栓数量的 25%时，应经设计单位同意。扩孔后的孔型尺寸应作记录，并提交设计单位，按大圆孔、槽孔等扩大孔型进行折减后复核计算。

f. 螺栓的穿入方向应符合规定，钢管杆组立时应注意在同一节点处的螺栓长度须一致，螺栓螺帽的倒角须朝外，脚钉末端弯钩须一致朝上。

6）组装后的构件，按图纸要求进行检查，注意钢管杆构件是否有遗漏、螺栓连接是否牢固可靠。

a. 钢管杆基础必须经中间检查验收合格，基础混凝土的抗压强度不允许低于设计强度的 100%。

b. 立杆前应对经过中间验收合格的基础再次检查其方位、高差等是否与设计相符。

c. 钢管杆接地装置施工完毕，具备与杆身可靠连接的条件。

d. 应操平基础顶面，对转角杆、耐张杆应根据设计要求的预计偏值操平，操平时需抹高或凿低应根据地脚螺丝露出的长度而定。

7）钢管杆组立后，脚板应与基础面接触良好。线路施工完毕后，钢管杆经检查合格后，浇筑混凝土保护帽，钢管杆混凝土保护帽效果如图 3-3 所示。

图 3-3 钢管杆混凝土保护帽效果图

（3）钢管杆组立工艺标准。

1）钢管杆组立后，其分段及整根电杆的弯曲均不应超过其对应长度的 2/1000。

2）法兰盘应平整、贴合密实，接触面贴合率不小于 75%，最大间隙不大于 1.6mm。

3）螺栓穿向应一致美观，螺母拧紧后，螺杆露出螺母的长度：单螺母不应小于两个螺距；双螺母可与螺母齐平。螺栓露扣长度不应超过 20mm 或 10 个螺距。

4）钢管杆爬梯安装离地面高度不低于 2200mm，有条件可设置防止误攀爬的装置。

5）转角杆组立前宜向受力反向侧预倾斜，预倾斜值应由设计确定。架线后直线电杆的倾斜不应超过杆高的 5‰。

4

拉 线 制 作 安 装

本章介绍拉线制作安装。拉线设置应符合典型设计及运行安全要求,拉线应采用《镀锌钢绞线》(YB/T 5004)规定的标准镀锌钢绞线,根据拉线的用途和作用不同,拉线一般可分为普通拉线、"人"字拉线、"十"字拉线、V型拉线、水平拉线、弓形拉线等几种形式。

4.1 拉 线 制 作

拉线制作前应根据拉线坑位置、杆高等计算钢绞线长度,并根据设计要求,选择合适型号的钢绞线及金具等。安装前应对钢绞线、拉紧绝缘子等进行检查。

(1)拉线抱箍一般装设在相对应横担下方,距横担中心线 100mm 处,与线路横担垂直。拉线抱箍的螺栓穿向应符合以下要求:垂直线路方向,面向受电侧从左向右;顺线路方向,由电源侧穿向受电侧。拉线抱箍安装位置如图 4-1 所示。

(2)在钢绞线剪断前,应在线头断口处两侧用细铁丝或铝包带各缠绕绑扎一部分,用断线钳剪断钢绞线时,需防止剪断后散股。细铁丝绑扎钢绞线如图 4-2 所示,铝包带绑扎钢绞线如图 4-3 所示。

(3)安装前应对 UT 型线夹和楔形线夹的丝扣涂润滑剂。

（4）楔形线夹舌板与拉线接触应紧密，受力后无滑动现象，线夹凸肚在尾线侧安装时不应损伤线股，线夹凸肚朝向应统一。

（5）拉线弯曲部分不应有明显松股，拉线断头处与主线应固定可靠。线夹处露出的尾线长度为 300～500mm，尾线回头后应用直径不小于 2mm 的铁丝与本线进行绑扎，绑扎长度为 80～100mm，绑扎后尾线距端头长度为 50mm。扎线及尾线端头上涂防腐漆进行防腐处理。

（6）UT 型线夹的螺杆应露扣，并应有不小于 1/2 螺杆丝扣长度可供调整。调整后，UT 型线夹的双螺母应并紧，其螺母外露螺栓长度不得大于全部螺纹长度的 1/3，也不得小于 20mm，一般外露螺栓长度为 20～50mm。为防止拉线螺母松动及人为破坏拉线，UT 型线夹安装时可加装防盗帽。拉线上把安装效果如图 4-4 所示，拉线下把安装效果如图 4-5 所示。

图 4-1 拉线抱箍安装示意图

图4-2 细铁丝绑扎钢绞线示意图

图4-3 铝包带绑扎钢绞线示意图

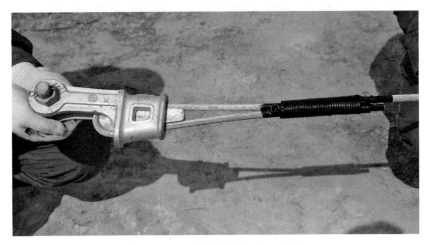

图4-4 拉线上把安装效果图

图4-5 拉线下把安装效果图

4.2 拉 线 安 装

拉线应根据电杆受力情况装设。正常情况下，拉线与电杆的夹角宜为45°。当受地形限制可适当调整，但不应小于30°、不大于60°。拉线安装角度效果如图4-6所示。

图4-6 拉线安装角度效果图

拉线安装完成后，转角杆应向外角预偏，紧线后不应向内角倾斜。向外角倾斜时，其杆梢位移不应大于杆梢直径。终端杆应向拉线侧预偏，其预偏值不应大于杆梢直径，紧线后不应向受力侧倾斜。紧线后终端杆效果如图4-7所示。

图4-7 紧线后终端杆效果图

配电线路的导线与拉线、电杆或构架间的净空距离不应小于表 4-1 中的规定。如拉线与导线之间的距离小于表 4-1 中所列数值，应采取适当调整拉线抱箍位置、横担的安装位置、拉线方向或拉线对地夹角（原则上不应超过 60°）等措施以满足表 4-1 的安全距离要求。拉线设置调整后，应重新核算拉线受力和电杆的下压力，对拉线的选用和电杆基础做相应调整、修正，以满足构件安全要求。

表 4-1　配电线路的导线与拉线、电杆或构架间的最小净空距离（m）

电压等级 ＼ 海拔	1000m 及以下	1000～2000m	2000～3000m	3000～4000m
1kV 以下	0.1	0.113	0.128	0.144
1～10kV	0.2	0.226	0.256	0.288

4.3　拉线绝缘子

当 10kV 线路的拉线从导线之间穿过或跨越导线时，按规定要装设拉线绝缘子。其他视情况并结合运行经验，确定是否装设拉线绝缘子。拉线绝缘子应装在最低穿越导线以下。当拉线断开时，拉线绝缘子距地面不应小于 2.5m，拉线绝缘子效果如图 4-8 所示。

图 4-8　拉线绝缘子效果图

4.4 拉线警示保护管

当拉线位于交通要道或人易接触的地方时，须加装警示套管保护。警示保护管上端垂直距地面不应小于 2m，并应有明显黄黑相间油漆的标识。拉线警示保护管效果如图4-9所示。

图4-9 拉线警示保护管效果图

4.5 特殊拉线型式

4.5.1 水平拉线

水平拉线又称高桩拉线，主要用于不能直接做普通拉线的地方，如在跨越道路等地方，为了不妨碍交通，装设水平拉线。水平拉线桩的埋设深度不应小于杆长的1/6，拉线距路面中心的垂直距离不应小于6m，拉线坠线与拉线桩杆夹角不应小于30°，拉线桩杆应向拉力反方向倾斜10°～20°，坠线上端距杆顶应为250mm。水平拉线布置示意图如图4-10所示，水平拉线安装效果如图4-11所示，水平拉线桩安装效果如图 4 – 12 所示。

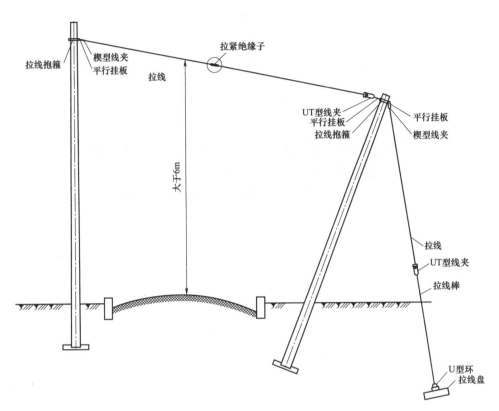

图 4－10　水平拉线布置示意图

图 4－11　水平拉线安装效果图

图4-12 水平拉线桩安装效果图

4.5.2 弓形拉线

弓形拉线主要是安装在受地形或周围环境的限制而不能安装普通拉线,且导线截面较小、受力较小的地方。弓形拉线布置示意图如图4-13所示,弓形拉线安装效果如图4-14所示。

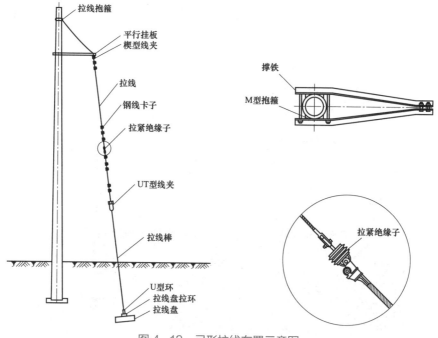

图4-13 弓形拉线布置示意图

图 4-14 弓形拉线安装效果图

4.5.3 撑杆

使用撑杆时，撑杆与主杆之间夹角应为 30°，允许偏差为±5°，撑杆与主杆之间应用 2 套半圆抱箍固定连接；撑杆埋深不宜小于 0.5m，并设有防沉措施，撑杆安装效果如图 4-15 所示。

图 4-15 撑杆安装效果图

5

铁 件 组 装

本章介绍铁件组装。铁件组装包括直线杆的单横担、0°耐张转角杆横担、终端杆横担、高低压同杆线路横担、绝缘横担安装。

5.1 横担安装工艺要求

安装前应进行外观检查，横担及铁附件镀锌层应均匀、无漏镀，表面不应有裂纹、锈蚀等缺陷。复合绝缘横担外观质量应均匀规整，无毛刺和毛糙触感等对产品性能有影响的缺陷。抱箍、横担 M 铁与杆径位置应匹配。

（1）横担安装应平正，方向与线路垂直，横担 M 铁与电杆接触应紧密。安装偏差应符合下列要求：横担端部上下歪斜不大于 20mm，左右扭斜不大于 20mm；双杆横担，横担与电杆连接处的高差不大于连接距离的 5/1000，左右扭斜不大于横担总长度的 1/100。测量横担水平度示意图如图 5-1 所示，双杆横担固定点高差测量示意图如图 5-2 所示，横担安装效果如图 5-3 所示。

（2）安装后，U 型抱箍与电杆接触应紧密，安装应牢固，方向与横担垂直，垂直度偏差不大于 1%。抱箍丝扣外露长度一致。抱箍安装应采用一个平垫、一个弹垫及双螺母。U 型抱箍安装效果如图 5-4 所示。

图 5-1 测量横担水平度示意图

图 5-2 测量双杆横担水平度示意图

图 5-3 横担安装效果图

图 5-4　U 型抱箍安装效果图

（3）直线杆的单横担应安装于受电侧，多层横担，各横担间应保持上下平行。0°～45°耐张转角杆横担安装方向应与线路转角平分线一致。45°～90°耐张转角杆，上下层横担分别与对应线路方向垂直。终端杆横担安装方向应与线路方向垂直。直线杆的单横担安装效果如图 5-5 所示，0°耐张转角杆横担安装效果如图 5-6 所示，90°耐张转角杆横担安装效果如图 5-7 所示，终端杆横担安装效果如图 5-8 所示。

图 5-5　直线杆的单横担安装效果图

图 5-6　0°耐张转角杆横担安装效果图

图 5-7　90°耐张转角杆横担安装效果图

图 5-8　终端杆横担安装效果图

（4）高、低压同杆线路中，10kV 最下层横担与 380V/220V 横担距离应为 1.5～2m，高、低压同杆线路横担间距示意图如图 5-9 所示。

（5）选用方棒绝缘横担时，单回路杆头排列方式采用"上"字形，双回路为双垂直排列。安装时应注意轻拿轻放，不应投掷，并避免与坚硬物碰撞、摩擦。"上"字形上横担抱箍安装时需按照指示方向进行安装，保证横担端部上翘，绝缘横担安装示意图如图 5-10 所示。

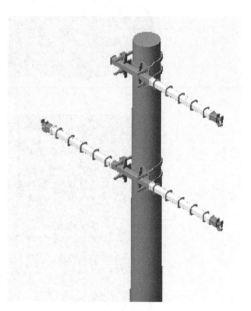

图 5-9　高、低压同杆线路横担间距示意图　　　　图 5-10　绝缘横担安装示意图

5.2　螺　栓　安　装

5.2.1　螺栓穿向

（1）立体结构：水平方向由内向外，垂直方向由下向上，立体结构螺栓安装效果如图 5-11 所示。

（2）平面结构：顺线路方向，双面构件由内向外，单面构件由送电侧向受电侧或按统一方向。横线路方向，两侧由内向外，中间由左向右（面向线路大号侧）或按统一方向。垂直方向，由下而上，平面结构螺栓安装效果如图 5-12 所示。

图 5-11　立体结构螺栓安装效果图

图 5-12　平面结构螺栓安装效果图

5.2.2　螺栓与铁构件连接规定

（1）螺栓应与构件平面垂直且不应有空隙。

（2）螺母拧紧后，螺杆露出螺母的长度应符合以下要求：单螺母，不应小于 2 个丝扣；双螺母，应最少与螺母相平。

（3）螺杆应加垫圈，每端不宜超过 2 个垫圈，长孔应加平垫圈，每端不宜超过 2 个，使用的垫圈尺寸应与构件孔径相匹配，螺栓安装示意图如图 5-13 所示。

（4）不得在螺栓上缠绕铁线代替垫圈。

图 5-13　螺栓安装示意图

5.3　金　具　安　装

5.3.1　金具类型

10kV 金具类型包括悬垂线夹、耐张线夹、接续金具、连接金具和防护金具等。

5.3.2　金具安装工艺要求

安装金具前，应进行外观检查，线夹应转动灵活，与导线接触的表面应光洁，螺杆与螺母配合紧密适当；表面应镀锌良好，无剥落、锈蚀等。金具型号与相应的线材及连接件的型号应匹配。

（1）所有与导线表面电气接续及接触的线夹，安装前应在导线表面涂电力复合脂，导线表面涂电力复合脂示意图如图 5-14 所示。

图 5-14　导线表面涂电力复合脂示意图

（2）并沟线夹、耐张线夹等用于绝缘导线剥皮使用时，应加装配套绝缘护罩。绝缘护罩内可能积聚凝结水的地方应有面积不小于 20mm^2 的排水孔。绝缘护罩安装示意图如图 5-15 所示。

图 5-15　绝缘护罩安装示意图

（3）金具的螺栓一般应加装闭口销，不加装闭口销的螺栓应露出螺母 2～3 扣。与导线表面直接接触的压接金具，其压缩面在安装前要保护好，防止污染。安装后金具活动部分转动应灵活，电气接触面应接触紧密。装配式金具的各部件应能有效锁紧，在运行中不应松脱，金具螺栓安装示意图如图 5-16 所示。

图 5-16　金具螺栓安装示意图

（4）铝导线在与金具的线夹紧固时，除并沟线夹及使用预绞丝护线条外，安装时应在铝导线外缠绕铝包带。铝包带应缠绕紧密，其缠绕方向应与外层铝股的绞制方向一致，所缠铝包带应露出线夹，但不应超过 10mm，其端头应回缠绕于线夹内压住。导线缠绕铝包带如图 5-17 所示。

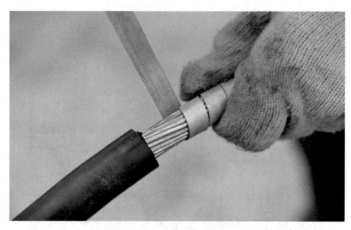

图 5-17　导线缠绕铝包带示意图

（5）安装预绞丝护线条时，每条的中心与线夹中心应重合，对导线包裹应紧固。预绞丝护线条安装示意图如图 5-18 所示。

（6）铜铝设备线夹安装前应对接触面进行打磨处理，使接线端子和引线有良好的接触，满足连接强度和电气性能要求。

（7）线夹螺栓安装后两边丝扣外露长度应一致，螺栓紧固扭矩应符合要求。螺栓紧固效果如图 5-19 所示。

图 5-18　预绞丝护线条安装示意图

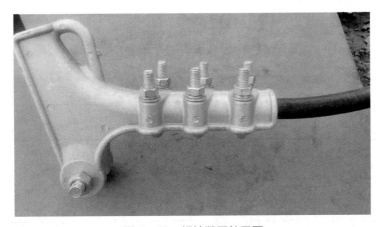

图 5-19 螺栓紧固效果图

5.3.3 接地线夹安装工艺要点

绝缘架空线路分支杆、终端杆、耐张杆、柱上断路器杆、双杆变等应装设接地线夹。

（1）接地线夹安装位置距离绝缘导线固定点不小于 600mm。除挂口裸露外其本体及与导线连接处均应加装绝缘罩，且裸露挂口垂直朝下。接地线夹安装效果如图 5-20 所示。

图 5-20 接地线夹安装效果图

（2）采用 JDL 型线夹时，应按照与导线连接长度剥皮安装；采用 JBCD 穿刺型线夹时，根据导线截面及天气温度设定扭力扳手扭力值为 26～32Nm，用扭力扳手交替、对称拧紧压力螺母。JDL 型验电接地环安装至绝缘导线效果如图 5-21 所示。

图 5-21 JDL 型验电接地环安装至绝缘导线上效果图

6

绝 缘 子 安 装

本章介绍绝缘子安装。10kV 绝缘子按结构可分为柱式绝缘子、悬式（盘形、棒形）绝缘子和拉紧绝缘子等，按材料可分为瓷绝缘子和合成绝缘子等。

6.1 柱式绝缘子安装

安装绝缘子前应进行外观检查，绝缘子铁帽、绝缘件、钢脚三者应在同一直线上，瓷质绝缘子瓷釉应光滑，有机复合绝缘子表面应光滑，绝缘子型号与导线型号应匹配。

（1）安装时应清除表面灰垢、附着物及不应有的涂料。

（2）柱式绝缘子与横担固定应采用一个平垫、一个弹垫及单螺母，柱式绝缘子螺栓固定示意图如图 6-1 所示，安装应牢固，连接可靠。

图 6-1 柱式绝缘子螺栓固定示意图

（3）绝缘子裙边与带电部位间隙不应小于 50mm。

（4）绝缘子线槽应与线路方向平行，无歪斜。柱式绝缘子安装效果如图 6-2 所示。

图 6-2　柱式绝缘子安装效果图

6.2　悬式绝缘子安装

（1）绝缘子安装应牢固，连接可靠，安装后不应积水。

（2）与电杆、导线金具连接处，应无卡压现象。

（3）悬式绝缘子裙边与带电部位间隙不应小于 50mm。

（4）耐张串上的弹簧销子、螺栓穿钉应由下向上穿。悬垂串上的弹簧销子、螺栓及穿钉应由受电侧穿入。

（5）开口销应开口至 60°～90°，开口后的销子不应有折断、裂痕等现象。悬式绝缘子安装效果如图 6-3 所示。

6.3　复合绝缘子安装

（1）复合绝缘子应有保护措施，避免复合绝缘子伞裙变形和受损。

（2）安装时，避免与硬物硬碰，禁止伞裙直接受力。

图6-3 悬式绝缘子安装效果图

7

放紧线、导线连接及固定

本章介绍 10kV 架空线路放紧线施工、承力导线连接方式、非承力导线连接方式及导线固定绑扎方法。

7.1 放 紧 线 施 工

放线前应认真勘查现场，合理分配放线段，选择线盘、放线架（车）、绞磨、牵引绳盘架的安放位置，同时确定收紧线的杆塔位置。架设绝缘线宜在干燥天气进行，一般情况下，架空绝缘线架设时的温度不宜低于 −10℃。

7.1.1 人力放线

（1）线盘及放线架应架设牢靠，如图 7−1（a）所示，具备可靠的制动装置，如图 7−1（b）所示，线盘导线出线端应从线轴上面引出（见图 7−2），线盘处设专人看管，保持与领线人联系。

（2）将导线与钢丝绳网套、旋转连接器连接可靠，采用白棕绳牵引（见图 7−3）。

（3）每基电杆上应设置滑轮，导线放在轮槽内。绝缘线应使用树脂滑轮或套有橡胶护套的铝滑轮，滑轮应具有闭锁装置（见图 7−4）。

（4）人力牵引在领线员的带领下行进，并合理安排人员的间距，避免导线在拖放的过程中与地面发生接触而导致绝缘损伤（见图 7−5）。

(a) 放线架轮胎放置防滑装置　　　　　　　　(b) 线盘制动装置操作检查

图 7-1　地勤人员对放线架及线盘进行检查

图 7-2　作业人员在导线展放时对放线盘进行制动操作

(a) 导线与钢丝绳网套连接　　　　　　　　(b) 白棕绳与旋转连接器连接

图 7-3　导线与钢丝绳网套、旋转连接器、白棕绳连接

图 7-4　作业人员杆上安装放线滑轮

图 7-5　领线员带领放线人员进行人力牵引放线

（5）在穿越放线滑轮时，导线与旋转连接器处过滑轮时应缓慢进行，防止卡住。拖线过程中速度应匀速，避免导线绝缘层因冲击力而造成损伤，同时加强对沿线各控制点的观察，旋转连接器穿越放线滑轮前后过程如图 7-6 所示，导线穿越放线滑轮后人力继续牵引前行如图 7-7 所示。

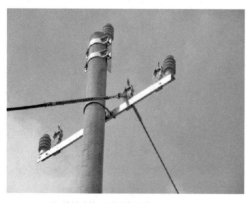

（a）旋转连接器缓慢穿过放线滑轮

（b）旋转连接器穿越放线滑轮

图 7-6　旋转连接器穿越放线滑轮前后过程

图 7-7 导线穿越放线滑轮后人力继续牵引前行

（6）穿越放线跨越架时，用白棕绳牵引导线从跨越架的一侧向另一侧进行穿越。穿越时应注意避开导线与跨越架上金属构件的接触，以避免导线的受损。

7.1.2 机械牵引放线

（1）绞磨、牵引绳回收盘应放置在交通方便、地势平坦处且顺线路方向，牵引绳延长线方向的偏角不宜大于 60°，绞磨必须用地锚锚定并可靠接地。线盘及放线架（车）应架设牢靠，具备可靠的制动装置，线盘处设专人看管，保持与领线人联系。绞磨、牵引绳回收盘放置及人员配置情况见图 7-8。

（2）每基电杆上应设置滑轮，导线放在轮槽内。绝缘线应使用树脂滑轮或套有橡胶护套的铝滑轮，滑轮应具有闭锁装置。

（3）将导线与钢丝绳网套、旋转连接器连接可靠（见图 7-9），采用无捻或少捻钢丝绳进行牵引。牵引绳在绞磨卷筒上缠绕 3～5 圈，同时进行牵引绳余绳回收。

图 7-8 绞磨、牵引绳回收盘放置及人员配置情况

图 7-9 钢丝绳网套、旋转连接器部位检查

（4）在穿越放线滑轮时，导线与旋转连接器处过滑轮时应缓慢进行，防止卡住。拖线过程中速度应匀速，避免导线绝缘层因冲击力而造成损伤，同时加强对沿线各控制点的观察，两根牵引绳连接器穿越滑轮如图 7-10 所示。

图 7-10 两根牵引绳连接器穿越滑轮

（5）牵引导线时速度不宜超过 20m/min，同时设专人持对讲机沟通接头是否顺畅过滑轮情况。牵引时应在首、末、中间派人观察，及时发现导线掉槽、滑轮卡滞等故障，发现异常情况后及时用对讲机或旗语联系，两根牵引绳连接器穿过滑轮如图 7-11 所示。

（6）穿越放线跨越架时，应注意避开导线与跨越架上金属构件的接触，以免导线绝缘受损。

图 7-11　两根牵引绳连接器穿过滑轮

7.1.3　紧线前临时拉线设置

紧线前应设置杆塔的临时拉线，临时拉线一般使用钢丝绳或钢绞线，临时拉线不得固定在有可能移动或其他不可靠的物体上（见图 7-12 和图 7-13）。

图 7-12　临时拉线受力情况检查

7.1.4　紧线施工

（1）人力紧线。

1）导线挂线端准备完毕，作业人员在杆上进行导线挂线端制作如图 7-14 所示。

图 7-13　转向滑车临时地锚效果图

图 7-14　作业人员在杆上进行导线挂线端制作

　　2）紧线杆上先将绝缘子串安装至耐张横担上，将紧线器、紧线滑轮分别使用钢丝绳套悬挂至横担两端连板内侧，防止钢丝绳套滑脱。紧线滑轮与钢丝绳套横担完成安装悬挂如图 7-15 所示。

图 7-15　紧线滑轮与钢丝绳套横担完成安装悬挂

3）将导线与钢丝绳网套、旋转连接器连接可靠后穿过紧线滑轮并检查闭锁装置，松开地锚处导线时要有防止跳线、跑线的措施，钢丝绳网套带导线过紧线滑轮时人力牵引收线如图 7-16 所示。

(a) 导线穿越紧线滑轮检查

(b) 人力牵引收线

图 7-16　钢丝绳网套带导线过紧线滑轮时人力牵引收线

4）紧线时工作负责人与沿线各弧垂观测点及护线点人员联系，确认所有紧线准备工作无误后，按照先两边相后中相的顺序开始紧线操作，护线点人员持信号旗传递信号如图 7-17 所示。

图 7－17　护线点人员持信号旗传递信号

5）观测人登杆平视两端弧垂弛度板，如图 7－18（a）所示，当导线弧垂最低点落在两端弧垂弛度板的水平线上时，即可停止紧线，此时的导线弧垂即为理想弧垂，如图 7－18（b）所示。

（a）弧垂观测人员观察弧垂

（b）停止紧线后观察弧垂情况

图 7－18　弧垂观测人员观察弧垂并联系紧线端联络人

6）工作人员登杆后分别在两边相导线用紧线器配合卡线器将导线卡好，操作紧线器使导线弧垂至弛度板时停止紧线，采用绝缘导线时需缠绕自黏带防止绝缘损伤，作业人员观察两边相紧线情况如图 7－19 所示。

7）紧线人员根据现场弧垂观测人员的指挥完成全部紧线操作。当导线停止牵引并静置 1min 左右仍无变化时，方可通知紧线端杆上人员进行划印后完成制作绝缘子串与导线的可靠连接（见图 7－20 和图 7－21）。

图7-19 作业人员观察两边相紧线情况

(a) 按照划印剥离绝缘层

(b) 观察中相导线收紧情况

图7-20 紧线人员剥离绝缘层后完成绝缘子串与导线的连接

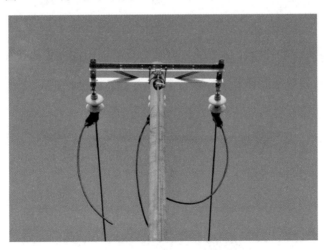

图7-21 完成紧线后预留导线跳线

8）施工完毕后，清理现场的施工机具、工具材料等，绝缘导线完成紧线后整体效果如图 7-22 所示。

图 7-22　绝缘导线完成紧线后整体效果图

（2）机械牵引紧线。

1）导线挂线端准备完毕，挂线端制作完成并预留引线效果如图 7-23 所示。

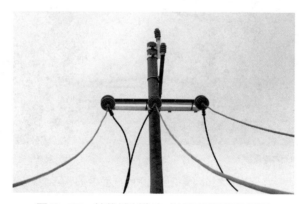

图 7-23　挂线端制作完成并预留引线效果图

2）紧线杆上先将紧线滑轮使用钢丝绳套悬挂至横担两端连板内侧，防止钢丝绳套滑脱，紧线滑轮与钢丝绳套横担上完成安装悬挂如图 7-24 所示。

图 7-24　紧线滑轮与钢丝绳套横担上完成安装悬挂

3）将导线与钢丝绳网套、旋转连接器、紧线钢丝绳可靠连接后，分别穿过紧线滑轮并检查闭锁装置，松开地锚处导线时要有防止跳线、跑线的措施（见图7-25）。

(a) 导线穿越紧线滑轮前检查　　　　　　(b) 导线穿越紧线滑轮后检查

图7-25　紧线钢丝绳穿越紧线滑轮现场图

4）设置平衡滑轮并检查闭锁装置后与绞磨紧线钢丝绳可靠连接，操作绞磨使导线受力时停止牵引，检查各部位的受力是否正常，导线牵引时不宜过牵引（见图7-26）。

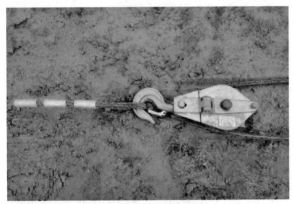

(a) 平衡滑轮地面检查闭锁情况　　　　　　(b) 平衡滑轮离地面后检查受力情况

图7-26　紧线平衡滑轮地面及空中检查受力部位情况

5）紧线时工作负责人与沿线各弧垂观测点及护线点人员联系，确认所有紧线准备工作无误后，先两边相后中相的方式开始紧线操作。观测人登杆平视两端弧垂弛度板，当导线弧垂最低点落在两端弧垂弛度板的水平线上时，即可停止紧线，再次检查临时拉线及承力拉线的受力情况（见图7-27）。

6）当导线停止牵引并静置1min左右仍无变化时，方可通知作业人员登杆进行划印并缠绕标记带（见图7-28），完成后再次操作绞磨将导线缓慢放置地面。

(a) 地面人员观测弧垂情况

(b) 登杆观测人观测弧垂情况

图 7-27　导线弧垂地面及杆上观测人持续观测弧垂

(a) 导线进行划印

(b) 划印处缠绕标记带

图 7-28　导线划印后缠绕标记带

7）地面人员依据导线标记带位置（见图 7-29），完成导线与耐张线夹、悬式绝缘子串组装（见图 7-30）。

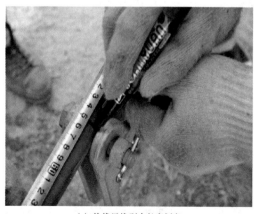

(a) 绝缘导线剥皮长度划印

(b) 测量绝缘导线剥皮长度

图 7-29　地面人员根据标记带划印绝缘导线剥皮长度

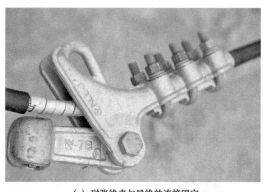

(a) 耐张线夹与导线的连接固定

(b) 连接耐张线夹与绝缘子串

图 7-30 地面人员完成导线、耐张线夹绝缘子串的组装

8）距导线划印放线侧 50mm 处，在导线上缠绕防止卡伤绝缘层的胶包带，然后用卡线器将导线卡好。

9）拆除钢丝绳网套等连接装置后，将卡线器与紧线钢丝绳可靠连接，并将绝缘子串与紧线钢丝绳牢固捆绑（见图 7-31）。

图 7-31 地面人员将绝缘子串与紧线钢丝绳进行捆绑

10）再次操作绞磨将导线与绝缘子串缓慢收起至耐张横担前沿处，停止操作绞磨（见图 7-32），通知作业人员登杆将悬式绝缘子串与横担进行可靠连接（见图 7-33）。

11）待杆上作业人员下杆后缓慢松动绞磨卸力，再次通知作业人员登杆将紧线工具等拆除（见图 7-34）。

| (a) 指挥人员发出继续紧线信号 | (b) 指挥人员发出停止紧线信号 |

图 7-32　指挥人员发出继续紧线、停止紧线信号

图 7-33　作业人员在杆上对悬式绝缘子串与横担进行连接

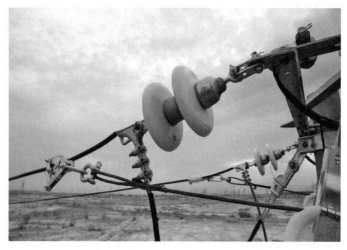

图 7-34　操作人员开动绞磨缓慢释放紧线钢丝绳进行卸力

12）导线全部固定绑扎完毕后，方可拆除临时拉线。

13）施工完毕后，清理现场的施工机具、工具材料等。完成收线及导线固定绑扎后整体弧垂效果见图7-35。

图 7-35　完成收线及导线固定绑扎后整体弧垂效果图

（3）弧垂观测挡的选择及方法。

1）紧线耐张段连续挡在5挡及以下时，靠近中间选择一挡。

2）紧线耐张段连续挡在6～12挡时，靠近两端各选择一挡。

3）紧线耐张段连续挡在12挡以上时，靠近两端和中间各选择一挡。

4）观测挡宜选择挡距大和悬点高差小的挡距，且耐张段两侧不宜作观测挡。

7.2　导　线　固　定

7.2.1　直线杆导线顶槽绑扎

直线杆、跨越杆导线固定采用顶槽"双十字"绑扎法，绑扎时，绝缘线与线路柱式绝缘子接触部分应用绝缘自黏带缠绕（见图7-36），缠绕长度应超出绑扎部位或与绝缘子接触部位两侧不小于 30mm，扎线宜采用截面积不小于 2.5mm² 的单股塑料铜线将导线固定在线路柱式绝缘子顶部槽口内（见图 7-37）。

图 7-36 作业人员在杆上导线固定处缠绕绝缘自黏带

（a）顶槽绑扎俯视效果图

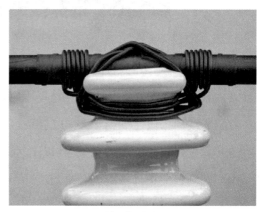

（b）顶槽绑扎侧视效果图

图 7-37 直线杆导线顶槽绑扎完成效果图

7.2.2 直线转角杆导线固定边槽绑扎

直线转角杆导线采用双柱式绝缘子固定，宜采用绝缘子外侧边槽"双十字"绑扎法。绑扎时，绝缘线与绝缘子接触部分应用绝缘自黏带缠绕，缠绕长度应超出绑扎部位或与绝缘子接触部位两侧不小于30mm（见图 7-38）。

图 7-38 直线转角杆导线固定边槽绑扎效果图

7.2.3 导线跳线固定

跳线采用柱式绝缘子固定，跳线要留有一定裕度，以保证弧度一致，绑扎方法同直线杆导线固定方法。导线连接处均应涂抹电力复合脂，用线夹固定后加装绝缘护罩，10kV 8°（15°）转角杆跳线示意图如图 7-39 所示，10kV 45°～90°转角杆跳线示意图如图 7-40 所示，10kV 单回路直线熔丝支接跳线示意图如图 7-41所示。

图 7-39 10kV 8°（15°）转角杆跳线示意图

图 7-40 10kV 45°~90° 转角杆跳线示意图

图 7-41 10kV 单回路直线熔丝支接跳线示意图

7.2.4 终端杆导线尾线固定

终端杆预留尾线绑扎至主线上，且尾线不能受力，绑扎线宜采用截面积不小于 2.5mm² 的单股塑料铜线，尾线与主线绑扎长度不小于 120mm，绑扎应整齐、紧密，绑扎后尾线距端头长度为 50～100mm。绑扎后应保持三相导线弧度形状整齐一致，绝缘导线尾线裸露处应进行绝缘包裹并做防水处理，终端杆导线尾线绑扎固定效果如图 7-42 所示。

图 7-42 终端杆导线尾线绑扎固定效果图

7.3 导线连接

7.3.1 钳压法连接

钳压法连接是在压接管表面压槽，使导线在压接管内发生弯曲变形，于是导线与管壁、导线与导线产生接触阻力，从而达到导线连接的目的。

由于钳压法受到压接机械（钳压机或压接钳）和压槽的影响，使压接后的握着力受到限制，压接后的机械强度比液压法连接的低，因此，钳压法仅限于截面积在 240mm^2 及以下的铝绞线、钢芯铝绞线的连接；小截面的绝缘导线也可采用钳压连接。钳压法连接的导线外观是每模压后的变形为有一定间隔的压槽。在同一挡距内，分相架设的绝缘线每根只允许有一个承力接头，接头距导线固定点的距离不应小于 500mm。

架空导线钳压（搭接连接）的基本工艺流程如下：

（1）裁线。

1）压接前应按导线连接质量的要求进行线头的裁剪，截去导线受损伤或多余部分。裁线前，应在线头距裁线处 10～20mm 处，用 20 号铁线进行绑扎好（见图 7-43）。

2）钢锯垂直导线轴进行锯割，锯割时应由外层向内层逐层进行，最后锯割钢芯。

3）完成锯割后，用平锉和砂纸打磨导线断口毛刺至光滑平整，清洗后不允许再用砂纸打磨。

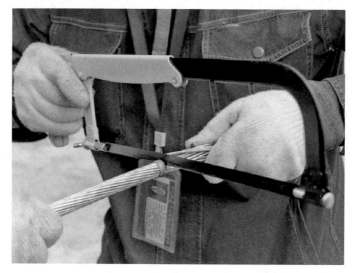

图 7-43 作业人员使用钢锯由外层向内层锯割铝绞线

4）压接前应将导线接头端绞线散股 2 倍接头长度，用棉纱团蘸汽油将压接管内壁连接导线线头部位分别进行清洗，晾干后在导线连接部位的铝质接触面，涂一层电力复合脂，用细钢丝刷（禁止用铜丝刷）清除表面氧化膜，保留涂料，进行压接。

（2）穿管。为保证压接后的质量及连接部位的准确，将接续管穿入一端导线后，应用记号笔在导线上按压接尺寸的要求划印记号。确认无误后，将要连接的两根导线的端头，传入钳压管中，穿管后，应保证导线两端头尾线的出头露出管外部分不得小于 20mm（见图 7-44）。

图 7-44 导线穿管后确定尾线出头效果图

（3）压接。按规定，压接前应根据设计和规程的要求，对照相应规格压接管的有关技术标准，在压接管表面对压模的位置进行标识，并按照压模顺序进行钳压连接。相关压模间隔及压后尺寸等参数详见表 7-1。

表 7-1　　　　　　　　　　导线钳压压接口数及压后尺寸

导线型号		压口数	压后尺寸 D（mm）	钳压部位尺寸（mm）		
				a1	a1	a3
铝绞线	LJ-70	8	19.5	44	28	50
	LJ-95	10	23.0	48	32	56
	LJ-120	10	26.0	52	33	59
	LJ-150	10	30.0	56	34	62
	LJ-185	10	33.5	60	35	65
钢芯铝绞线	LGJ-70/10	16	25.0	46	54.5	123.5
	LGJ-95/20	20	29.0	54	61.5	142.5
	LGJ-120/20	24	33.0	62	67.5	160.5
	LGJ-150/20	24	36.0	64	70	166
	LGJ-185/25	26	39.0	66	74.5	173.5
	LGJ-240/30	2×14	43.0	62	68.5	161.5

压接时，每模的压接速度及压力应均匀一致，每模按规定压到指定深度后，应保持压力 30s 左右的时间，以使压接管及相应的导线通过这段时间度过疲劳期而达到定型的要求，避免由于压力松弛太快，出现金属性反弹影响最终的压接握着力（压接强度）（见图 7-45）。

图 7-45　按照压模完成导线压接

（4）外观检查及绝缘处理。按规定，导线完成钳压后必须进行外观质量检查，压接管的质量外观检查包括外表面形态及外观尺寸两个部分。

1）压接管外观的检查。压接后的接续管的外观不允许有裂纹，表面应光滑，如压管弯曲（不超过管长的 2%时）可用木槌调直；若压弯管过大或有裂纹的，要重新压接。

2）压接管尺寸的检查。钳压后接续管主要检查的尺寸包括压口数及压后尺寸。导线钳压后的压口数及压后尺寸应符合规程和设计规定的要求，当达不到要求时，应锯断后重接。

3）导线接头钳压完成并经专人（专职质检人员或工程监理）检查合格后，操作人员应在压接管上打下自己的操作工号，并在接续管两端涂上红漆（见图7-46）。

图7-46　导线钳压完成后接续管两端涂上红漆

4）绝缘导线连接后必须进行绝缘处理，绝缘线的全部端头、接头都要进行绝缘护封，不得有导线、接头裸露（见图7-47）。

(a) 作业人员对接续管裸露部分进行绝缘处理

(b) 接续管裸露部分绝缘处理后效果

图7-47　导线钳压完成后裸露部分的绝缘处理

5）操作人员与检查人员在质量检查、验收表中签字后，操作过程中无工具损伤，工作完毕清理现场，交还工器具及剩余材料，结束作业。

7.3.2 液压法连接

液压法连接是将导线压接管表面压紧成正六边形，使得管内导线在压接管的挤压下，与压接管壁间产生静摩擦力，从而达到导线连接的目的。液压法连接的导线外观是压后为连续均匀的正六棱柱。在同一档距内，分相架设的绝缘线每根只允许有一个承力接头，接头距导线固定点的距离不应小于 500mm。

架空导线液压（对接连接）的基本工艺流程如下：

（1）裁线。

1）压接前应按导线连接质量的要求进行线头的裁剪，截去导线受损伤或多余部分。裁线前，应在线头距裁线处 1～20mm 处，用 20 号铁线绑扎牢靠，绝缘导线裁线后效果如图 7−48 所示。

图 7−48　绝缘导线裁线后效果图

2）钢锯垂直导线轴进行锯割，锯割时应由外层向内层逐层进行，最后锯割钢芯。切割时应注意避免伤及内导线芯线，以免影响连接强度，导线绑扎切割后断面打磨后效果如图 7−49 所示。

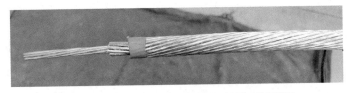

图 7−49　导线绑扎切割后断面打磨后效果图

3）钢芯铝绞线锯割时应按照要求，先后进行铝股台阶和外层铝股的锯割，切割时注意避免伤及导线芯线，以免影响连接强度，作业人员对导线涂抹电力复合脂如图 7−50 所示。

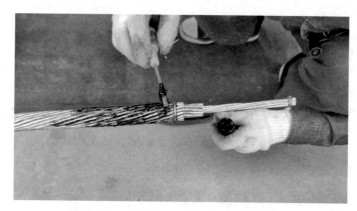

图 7-50　作业人员对导线涂抹电力复合脂

（2）穿管。

1）铜绞线、铝绞线、钢绞线穿管与钳压方式的穿管基本一致。钢芯铝绞线穿管时，应先穿入铝管，然后再穿钢管。

2）钢芯铝绞线穿管时，应对照压接管表面标识的记号进行印记核对，确保导线在接续管中的位置对称且符合设计和规程的要求，导线先穿铝管后载穿入钢管效果如图 7-51 所示。

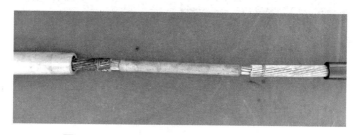

图 7-51　导线先穿铝管后载穿入钢管效果图

（3）压接。经穿管检验，确认割线等符合设计和验收规范的要求后，就可开始进行压接操作。

1）液压连接的施压顺序：对钢芯铝绞线压接时，应先压内层钢管，再压外层铝管。对单金属导线（如钢绞线、铝绞线）压接时，应先压中间，再由中间向一端顺序施压，压完一端后，再压另一端，最后将钢管喷涂红色防锈漆，内层钢管压接后效果如图 7-52 所示。

2）压接时，每模的压力及速度应基本一致，压模压下到位后，应保持压力 30s 左右，以使压接管能够稳定定型。

3）压接时，相邻两模间应重叠 5～8mm，以确保压接的连续性，外层铝管压接后效果如图 7-53 所示。

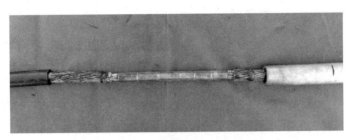

图 7-52 内层钢管压接后效果图

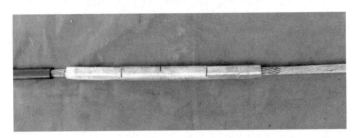

图 7-53 外层铝管压接后效果图

4）压接顺序进行的过程中，应保持管面的平行，避免出现扭曲，压接完成后外层绝缘处理效果如图 7-54 所示。

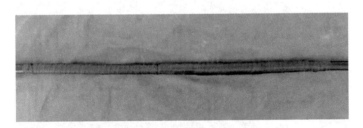

图 7-54 压接完成后外层绝缘处理效果图

（4）外观检查及绝缘防护。

1）压接管外表的检查。导线接头液压连接后的接续管表面应光滑、平整，无飞边、裂纹、毛刺，出现飞边时应将其锉平后，再用砂纸打磨光滑。

2）液压后的连续管横截面应为正六边形。因此，液压管的六棱柱表面应平行，不允许扭曲，当弯曲超过要求时，可在原有的基础上进行校正式的补压（以已压模的交接作为补压的压模中心），仍不能校正的应锯断后重新压接。

3）压接管尺寸的检查。液压接续后应检查的主要尺寸是六边形的对边距，每个截面处只允许有一个对边距的最大值。对边距超过标准时，应对其表面进行补压，补压后仍不能达到要求时，应查找原因，若因压模变形，应更换压模补压，确认由压接错误操作导致不合格时，应锯断重新压接。

4）导线接头钳压完成并经专人（专职质检人员或工程监理）检查合格后，操作人员应在压接管上打下自己的操作工号，并在接续管两端涂上红漆。

5）绝缘导线连接后必须进行绝缘处理，绝缘线的全部端头、接头都要进行绝缘防护，不得有导体裸露。

6）操作人员与检查人员在质量检查、验收表中签字后，操作过程中无工具损伤，工作完毕清理现场，交还工器具及剩余材料，结束作业。

7.3.3 预绞式导线接续条

（1）首先按照导线、钢芯截面选取对应的预绞式接续条型号，并在预绞丝中点均做好标记，地勤人员量取接续条中点距离如图 7－55 所示。

图 7－55 地勤人员量取接续条中点距离

（2）依据接续条中点至末端的距离量取绝缘导线剥皮长度，在两端导线上分别做好标记划线（见图 7－56）。

（3）按照导线标记进行剥皮不要伤及铝线芯，铝绞线末端缠绕胶带防止导线端部散开，同时在铝绞线上量取预留钢芯长度并做标记，然后将铝线逐根锯断，注意不能伤及钢芯，铝线锯断前需将钢芯末端缠绕胶带防止散股（见图 7－57）。

(a) 测量绝缘导线剥皮长度　　　　　(b) 剥皮长度标记划印

图 7-56　地勤人员量取绝缘导线剥皮长度后划印

(a) 量取接续条中点到一端的距离　　　　　(b) 按照量取长度进行绝缘剥皮

(c) 量取剥离铝绞线的长度划印　　　　　(d) 用钢锯将铝线逐根锯断

图 7-57　地勤人员按照划印进行剥皮和锯断铝线

（4）铝绞线断面需将飞边和毛刺磨平，如图 7-58（a）所示，然后对铝绞线、钢芯进行彻底地刷理使其光亮、洁净，如图 7-58（b）所示。为延迟氧化作用，宜使用优质抗氧化剂涂抹在其表面。

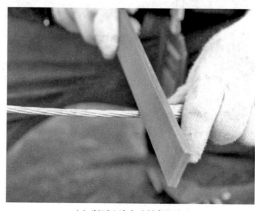

(a) 断面飞边和毛刺磨的处理　　　　　　　　　(b) 处理后的效果

图 7-58　地勤人员将铝绞线断面进行毛刺磨平处理

（5）预绞式接续条为一次性使用，使用前要清理干净并干燥。预绞式接续条要求专业人员徒手安装操作，不可使用任何工具，以免损伤导线。

（6）将钢芯末端放于接续条中点标识处，两末端相距约 2mm，用拇指和其他手指将第一组接续条握牢并缠绕在钢芯上，如图 7-59（a）所示，对照第一组将第二组接续条在中点标识继续缠绕，此时两组接续条缠绕钢芯后与导线面持平，如图 7-59（b）所示。

(a) 安装预绞式接续条第一组　　　　　　　　　(b) 安装预绞式接续条第二组

图 7-59　地勤人员进行预绞式接续条第一组及第二组缠绕

（7）按同样的方法安装导线的第三组接续条如图7-60（a）所示。预绞式接续条不能变形应与导线接触紧密，接续条端头应对齐如图7-60（b）所示。

（a）安装预绞式接续条第三组　　　　　　　　（b）预绞式接续条安装完成

图7-60　地勤人员进行预绞式接续条第三组缠绕

（8）绝缘导线接续后裸露处必须进行绝缘防护（见图7-61）。

（a）预绞式接续条的绝缘防护　　　　　　　　（b）完成绝缘防护效果图

图7-61　地勤人员对裸露的预绞式接续条进行绝缘防护

（9）预绞式接续条主要参数见表7-2。

表7-2　　　　　　　　　　　预绞式接续条主要参数

型号	适用绞线型号	参考长度L（mm）	线径（mm）
JXL-70/10	JL/G1A-70/10	1060	3.45
JXL-95/15	JL/G1A-95/15	1290	4.24
JXL-95/20	JL/G1A-95/20	1320	4.24

续表

型号	适用绞线型号	参考长度 L（mm）	线径（mm）
JXL－120/20	JL/G1A－120/20	1550	4.62
JXL－150/20	JL/G1A－150/20	1750	5.18
JXL－150/25	JL/G1A－150/25	1770	5.18
JXL－185/25	JL/G1A－185/25	2000	6.35
JXL－185/30	JL/G1A－185/30	2000	6.35
JXL－240/30	JL/G1A－240/30	2180	6.35
JXL－240/40	JL/G1A－240/40	2510	6.35

7.3.4　非承力型接续金具的导线连接

常用的非承力型接续金具有并沟线夹、JXD 楔型并沟线夹（弹道型）、JBLY 异径并沟线夹、H 型并沟线夹、C 型线夹。非承力型接续金具用在不带张力的导线上，仅起到接通电流作用，要求有较大的通（续）流能力。如在耐张型杆塔、T 接杆型上跳线连接使用。连接时，导线金属表面应涂抹电力复合脂。

（1）并沟线夹分为 JB 型和 JBB 型两种。JB－1 型适用于 35mm² 钢芯铝或铝绞线截面，JB－2 型适用于 50～95mm² 钢芯铝或铝绞线截面，JB－3 型适用于 120～150mm² 钢芯铝或铝绞线截面，JB－4 型适用于 120～240² 钢芯铝或铝绞线截面，JB 型并沟线夹示意图如图 7－62 所示。JBB－1 型适用于 25mm² 钢绞线截面，JBB－2 型适用于 35～50mm² 钢绞线截面，JBB－3 型适用于 70～95mm² 钢绞线截面，JBB 型并沟线夹示意图如图 7－63 所示。

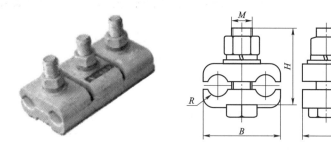

图 7－62　JB 型并沟线夹示意图

（2）JXD 楔型并沟线夹（弹道型）分为 10 种型号，JXD 楔型并沟线夹（弹道型）示意图见图 7－64，其参数见表 7－3。

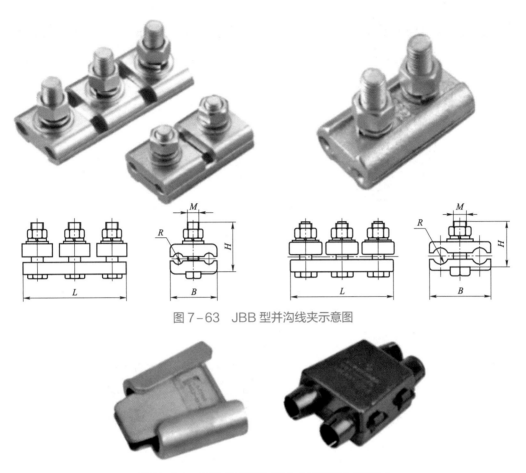

图 7-63　JBB 型并沟线夹示意图

图 7-64　JXD 楔型并沟线夹（弹道型）示意图

表 7-3　　　　　　　　　　　　JXD 楔型并沟线夹（弹道型）参数

型号	主线	支线
	适用于绞线截面（mm²）	适用于绞线截面（mm²）
JXD-1	35～50	35～50
JXD-2	70～95	35～50
JXD-3	70～95	70～95
JXD-4	120～150	35～50
JXD-5	120～150	70～95
JXD-6	120～150	35～50
JXD-7	185～240	35～50
JXD-8	185～240	70～95
JXD-9	185～240	120～150
JXD-10	185～240	185～240

（3）JBLY 异径并沟线夹分为 JBLY-1、JBLY-2 两种，JBLY-1 型适用于 35～120mm² 绞线截面，JBLY-2 型适用于 50～240mm² 绞线截面，JBLY 异径并沟线夹示意图如图 7-65 所示。

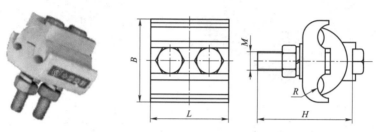

图 7-65　JBLY 异径并沟线夹示意图

（4）H 型并沟线夹分为 6 种型号，H 型并沟线夹示意图见图 7-66，其参数见表 7-4。

图 7-66　H 型并沟线夹示意图

表 7-4　　　　　　　　　　H 型 并 沟 线 夹 参 数

型号	主线	支线
	适用于绞线截面（mm²）	适用于绞线截面（mm²）
JH-1	16～35	16～35
JH-2	50～95	16～50
JH-3	50～95	50～95
JH-4	95～240	16～70
JH-5	95～240	70～150
JH-6	95～240	150～240

（5）C 型线夹分为 6 种型号，C 型线夹示意图见图 7-67，其参数见表 7-5。

C型线夹（普通型）

C型线夹（测温型）

图 7-67　C 型线夹示意图

表 7-5　　　　　　　　　　　　　　C 型并沟线夹参数

型号	主线	支线
	适用于铝绞线截面（mm²）	适用于铝绞线截面（mm²）
JC-1	35～50	35～50
JC-2	70～95	35～95
JC-3	120	35～120
JC-4	150	35～150
JC-5	185	35～185
JC-6	240	35～240

（6）非承力型导线连接要求。

1）10kV 架空导线连接引流线时，线夹数量不应少于 2 个，耐张杆引流线连接效果图如图 7-68 和图 7-69 所示，耐转杆引流线固定及连接效果如图 7-70 所示。

图 7-68　耐张杆引流线连接效果图 1［国网 2016 版典型设计 10kV 架空线路分册，
图 17-1　10kV 8°（15°）转角杆装置］

图 7-69 耐转杆引流线连接效果图 2

图 7-70 耐转杆引流线固定及连接效果图

2）导线连接面应平整、光洁，导线及线夹槽内应清除氧化膜，涂电力复合脂（见图 7-71）。

图 7-71 引流线剥皮后涂抹电力复合脂

3）铜绞线与铝绞线的接头，宜采用铜铝过渡线夹、铜铝过渡线，或采用铜线搪锡插接。

7.3.5 裸露点绝缘防护

绝缘导线连接后必须进行绝缘防护，绝缘线的全部端头、接头都要进行绝缘防护，不得有裸露。

（1）采用绝缘护套管管径一般应为被处理部位的 1.5～2.0 倍，还需使用内外两层绝缘护套进行绝缘处理。

（2）采用在接头处敷设安装交联热收缩管或预扩张冷缩绝缘套管。

（3）采用包 4 层黑色塑料自黏带，自黏带应超出破口部分两端 30～50mm。

（4）绝缘罩不得磨损、划伤，安装位置不得颠倒，有引出线的要一律向下，需紧固的部位应牢固严密，两端口需绑扎的必须用绝缘自黏带绑扎两层以上，裸露点的绝缘防护效果如图 7-72 所示。

(a) T 接点绝缘防护

(b) 引线接头裸露部分绝缘防护

图 7-72　裸露点的绝缘防护效果

7.4　导线净空距离

架空导线架设完成后，导线对地面、水面、建筑物、树木、线间距离等的最小垂直、水平距离、交叉跨越，应符合表 7-6～表 7-11 的要求。

表 7-6　　　　　　　　　绝缘导线之间交叉跨越距离

项目	绝缘导线
垂直（m）	2.0
水平（m）	2.5

表 7-7 导线与导线、与建筑物最大风偏下净空距离

项目	裸导线（m）	绝缘导线（m）
垂直（m）	3.0	2.5
水平（m）	1.5	0.75

表 7-8 导线与树木的距离最小净空距离

类别		裸导线（m）	绝缘导线（m）
公园、绿化带、防护林带	垂直（m）	4.5	3.5
	水平（m）	1.5	1.5
城市街道绿化树木	垂直（m）	1.5	0.8
	水平（m）	2.0	1.0
国林、经济林、城市灌木林		1.5	—

注 应考虑树木在修剪周期内自然生长的高度。

表 7-9 导线与山坡、峭壁、岩石之间在最大风偏下净空距离

线路经过地区	裸导线（m）	绝缘导线（m）
步行可以达到的山坡、峭壁、岩石净空距离	4.5	3.5
步行不能达到的山坡、峭壁、岩石净空距离	1.5	1.5

表 7-10 导线对地面等跨越物的最小垂直距离

线路经过地区	垂直安全距离（m）
居民区	6.5
非居民区	5.5
交通困难地区	4 5
至铁路轨顶	7 5
城市道路	7.0
至电车行车线	3.0
城市道路	6.0
至通航河流最高水位	3.0
至不通航河流最高水位	2.0
至索道距离	4.0
人行过街桥	4.0

表 7-11 弓子线对邻相导线及对地净空距离

线路电压等级	弓子线至邻相导线（m）	弓子线对地（m）
中压线路（裸绞线）	0.3	2.0
中压线路（绝缘线）	0.2	2.0

8 电缆沿杆敷设

本章介绍电缆保护管安装、电缆固定、电缆与引线连接等方法。

8.1 电缆保护管安装

（1）电缆露出地面部分应套有一定机械强度的保护管。保护管的根部应伸入地下不低于 100mm，且露出地面高度不小于 2.5m，保护管内径不应小于电缆外径的 1.5 倍。

（2）电缆保护管与杆塔固定点不少于两处，固定电缆支架应安装牢固，电缆保护管安装效果如图 8-1 所示。

（3）电缆弯曲半径应不小于电缆外径的 15 倍。

（4）电缆上端管口应用专用封堵装置或有机堵料等进行严密封堵。当采用有机堵料封堵时，管径小于 50mm 的堵料嵌入的深度不小于 50mm，露出管口厚度不小于 10mm；随管径的增加，堵料嵌入管子的深度和露出管口的厚度也相应增加，管口的堵料要做成圆弧形。电缆保护管封堵效果如图 8-2 所示。

图 8-1　电缆保护管安装效果图

图 8-2　电缆保护管封堵效果图

8.2 电 缆 固 定

电缆保护管外的电缆引上部分在杆塔的固定点间距离不应大于 2.5m。最上端固定点应设在应力锥和电缆终端头下部，电缆固定效果如图 8-3 所示。

图 8-3 电缆固定效果图

8.3 电缆与引线连接

（1）电缆终端头检查良好，试验合格后，严格按照标准工艺要求制作电缆终端。

（2）电缆终端头与引线连接时，搭接面应符合规范要求。

（3）电缆终端头固定后的接线端子及其引线，各相对地及相间带电体间距离应满足要求，电缆头三岔口以上至接线端子各相距离不宜小于 300mm。

（4）终端头连接后不得使连接处设备线夹或接线端子和电缆受力，为便于后期电缆检修维护，需在下引线侧加装接地环。电缆与引线连接效果如图 8-4 所示，电缆沿杆整体效果如图 8-5 所示。

图 8-4　电缆与引线连接效果图

图 8-5　电缆沿杆整体效果图

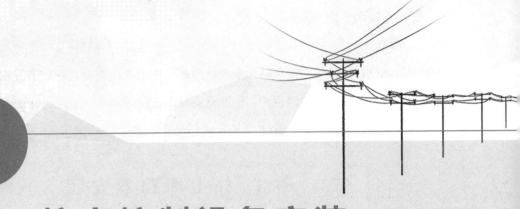

9

柱上控制设备安装

本章介绍柱上控制设备安装。一、二次融合成套断路器可用作线路分段、联络、分支、用户分界等场合。由断路器本体、隔离开关、跌落熔断器、自动化终端、电源电压互感器、连接电缆等构成，双杆一、二次融合断路器安装效果如图 9-1 所示。为适应

图 9-1　双杆一、二次融合断路器安装效果图

配电自动化建设，一、二次融合成套断路器与柱上配电自动化终端装置相配合，具有电流和电压信号采集、线路保护、就地自动隔离故障等功能，采用光纤或无线通信方式将各种信息上传至配电自动化主（子）站。

9.1 柱上断路器安装

（1）单杆吊装架安装方式：采用三角形吊装架方式安装，用螺栓将吊装架配合抱箍安装在杆体上。固定好的吊装架抱箍应与杆体贴实，开口一致，且方向与横担垂直。使用水平仪将吊装架进行校平，一、二次融合断路器单杆吊装安装效果如图9-2所示。

图9-2 一、二次融合断路器单杆吊装安装效果图

（2）双杆安装方式：采用槽钢拖装及斜撑支架方式安装，用螺栓将托担抱箍安装在杆体上。固定好的托担抱箍应与杆体贴实，开口一致，且方向与横担垂直。然后将托担搭在抱箍上。最后用斜撑支架与托担进行配合连接固定，使用水平仪将托担进行校平，作业人员对一、二次融合断路器托担进行安装及水平检查如图9-3所示。

（3）断路器安装：用吊车进行断路器起吊时，应避免损坏断路器进出线桩头，要有防止断路器摆动的控制绳。根据断路器托担、断路器本体长度及宽度，确定中心位置，并将断路器居中摆放在托担或吊装架上，并用螺栓将断路器固定在托担或吊装架上。断路器进出线桩头都应加装绝缘护罩，断路器起吊及固定安装效果如图9-4所示。

(a) 槽钢斜撑支架安装

(b) 槽钢水平度检查

(c) 双槽钢水平度检查

图9-3　作业人员对一、二次融合断路器托担进行安装及水平检查

(a) 断路器外观检查

(b) 断路器起吊指挥

图9-4　断路器起吊及固定安装效果图（一）

(c) 螺栓固定断路器至槽钢上   (d) 断路器固定牢靠后效果图

图 9-4 断路器起吊及固定安装效果图（二）

9.2 隔离开关安装

（1）隔离开关安装前应对动触头进行压力调整，隔离开关横担使用双横担，上、下层采用 U 型抱箍进行固定，隔离开关安装固定后效果如图 9-5 所示。

(a) 侧面效果图   (b) 背面效果图

图 9-5 隔离开关安装固定后效果图

（2）隔离开关在横担预留孔上用螺栓将隔离开关底座上、下连板分别进行固定。隔离开关水平相间距离应不小于 400mm。隔离开关轴线与地面的垂线夹角为 15°～30°（见图 9-6）。

图 9-6　作业人员将隔离开关与横担进行安装固定

（3）接线端子与引线的连接应采用线夹，如有铜铝连接时应有过渡措施。

（4）隔离开关引线安装后，上下桩头、刀闸都应加装绝缘护罩，隔离开关安装绝缘罩后效果如图 9-7 所示。

图 9-7　隔离开关安装绝缘罩后效果图

（5）隔离开关安装完毕后，进行拉合试验 3 次，其转轴应灵活，触头接触可靠不发生偏移，刀片与刀嘴应对正，接触应紧密，保险弹簧应完好，操动机构拉合灵活，作业人员对隔离开关进行拉合试验如图 9-8 所示。

（6）引线连接紧密，引线相间距离不小于 300mm，对杆塔及构件距离不小于 200mm，隔离开关安装后引线连接效果如图 9-9 所示。

图 9-8 作业人员对隔离开关进行拉合试验

(a) 隔离开关引线安装后效果图

(b) 单杆式断路器引线安装后效果图

图 9-9 隔离开关安装后引线连接效果图

9.3 电压互感器安装

（1）双电源供电方案：主干线分段、联络点配置的"三遥"馈线终端宜采用双 TV 的供电方式，采用 V/V 接线，一侧 TV 接 A、B 相，另一侧 TV 接 B、C 相。

9 柱上控制设备安装

（2）单电源供电方案：单电源供电的主干线节点、末端节点、分支节点以及用户产权分界处的"二遥"馈线终端可采用单 TV 供电方式，TV 电源采集点位于电源侧，分别接 A、B 相或 B、C 相；开关电源侧内置 TV 的用户分界开关，无须再安装外置 TV。

（3）采用螺栓将 TV 底座与固定角钢连接分别固定至断路器两侧的托担上，如图 9-10（a）所示。电压互感器引线安装后，桩头应加装绝缘护罩，如图 9-10（b）所示。

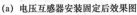

(a) 电压互感器安装固定后效果图　　　　　(b) 电压互感器加装绝缘护罩

图 9-10　电压互感器安装固定及引线连接效果图

（4）电压互感器控制器为跌落式熔断器，跌落式熔断器配合专用的熔断器横担与 U 型抱箍进行安装，跌落式熔断器上下桩头应加装绝缘护罩，电压互感器控制设备跌落熔断器安装后效果如图 9-11 所示。

图 9-11　电压互感器控制设备跌落熔断器安装后效果图

105

9.4　自动化终端及航空线安装

（1）控制箱采用横担配合卡抱使用螺栓进行固定。航空线采用穿管方式，采用单横担配合 U 型抱箍进行固定，穿管使用卡抱在横担预留孔上用螺栓进行固定，控制箱及横担安装后效果如图 9-12 所示。

（2）航空线连接应顺直，不应使航空插头受力，控制箱下侧将航空线预留盘圈用扎带绑扎牢靠。

（3）航空线穿管两端管口要做绝缘封闭处理，可采用绝缘自黏带、3M 胶带或管线封堵器进行封堵，航空线管口绝缘封闭效果如图 9-13 所示。

图 9-12　控制箱及横担安装后效果图　　　图 9-13　航空线管口绝缘封闭效果图

9.5　引线、绝缘子安装

（1）单杆装时引线横担使用 U 型抱箍进行固定。双杆装时为双横担双头螺杆紧固方式进行安装，一侧横担装设避雷器，另一侧横担上装设引线绝缘子，避雷器、柱式瓷绝缘子与横担安装后效果如图 9-14 所示。

（2）引线绝缘子宜采用柱式瓷绝缘子或复合式绝缘子固定至横担预留孔上，柱式瓷绝缘子与横担安装后效果如图 9-15 所示。

图 9-14 避雷器、柱式瓷绝缘子与横担安装后效果图

图 9-15 柱式瓷绝缘子与横担安装后效果图

（3）引线连接应顺直，要有一定弧度（见图 9-16）。不应使设备线夹或接线端子受力，并保证三相弧度一致。

图 9-16 断路器引线安装效果图

9.6 跌落式熔断器安装

跌落式熔断器是 10kV 配电线路分支线和配电变压器最常用的一种短路保护开关，安装于 10kV 配电线路和配电变压器一次侧，在设备投、切操作时提供保护。

（1）跌落式熔断器安装前，要对其外观进行检查，瓷件或复合套管外观应良好、干净，跌落式熔断器外观效果如图 9-17 所示。

图 9-17 跌落式熔断器外观效果图

（2）在熔断器横担预留孔上用螺栓加平弹垫与连板进行固定，跌落式熔断器与横担连板固定后效果如图 9-18 所示。

图 9-18 跌落式熔断器与横担连板固定后效果图

（3）熔管轴线与地面的垂线夹角为 15°～30°，熔管轴线与地面的垂线夹角效果如图 9－19 所示。

图 9－19　熔管轴线与地面的垂线夹角效果图

（4）跌落式熔断器安装后进行 3 次以上分合操作。背板、片状弹簧强度应保证操作后不变形，掉管不卡涩。熔断器操作应灵活可靠，接触紧密，合熔丝管时上触头应有一定的压缩行程。

（5）与引线的连接应采用设备线夹或接线端子，如有铜铝连接时应有过渡措施。

（6）引线安装后，熔断器上下桩头、设备线夹或接线端子处都应加装绝缘护罩或绝缘防护，熔断器安装后加装绝缘护罩效果如图 9－20 所示。

图 9－20　熔断器安装后加装绝缘护罩效果图

（7）引线连接应顺直，要有一定弧度，不应使设备线夹或接线端子受力，并保证三相弧度一致，跌落式熔断器安装后整体效果如图 9-21 所示。

图 9-21　跌落式熔断器安装后整体效果图

10 防雷设备安装

本章介绍防雷设备安装。依据《国家电网公司配电网典型设计（2016 年版）架空分册》，防雷设备可采用防雷绝缘子、线路直连氧化锌避雷器、带间隙的氧化锌避雷器、架空地线四种方式进行安装。本章对直连氧化锌避雷器、防雷绝缘子安装进行介绍。

10.1　直连氧化锌避雷器安装

（1）利用直连氧化锌避雷器非线性电阻特性和快速阻断工频续流的特性以限制雷电过电压，该防雷方式通常只能保护木杆设备。直连氧化锌避雷器技术性能、参数应符合设计要求，安装前应检查额定电压与线路电压相匹配，试验合格证齐全，瓷件（复合套管）表面无裂纹破损和闪络痕迹，胶合及密封情况良好、干净，直连氧化锌避雷器如图 10－1 所示。

（2）安装要求。

1）避雷器应在支架上固定，接线端子与引线的连接应可靠，垂直安装，排列整齐，高低一致，直连氧化锌避雷器布置效果如图 10－2 所示。

2）带电部分与相邻导线或金属架的距离、相间距离均不应小于 350mm，直连氧化锌避雷器间距效果如图 10－3 所示。

3）避雷器的引上线与导线连接要牢固，紧密接头长度不应小于 100mm。引线与电气部分连接，不应使避雷器产生外加应力，直连氧化锌避雷器引线连接效果如图 10－4 所示。

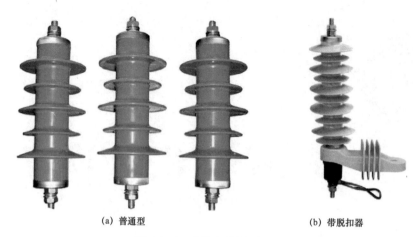

(a) 普通型　　　　　　　　　(b) 带脱扣器

图 10-1　直连氧化锌避雷器

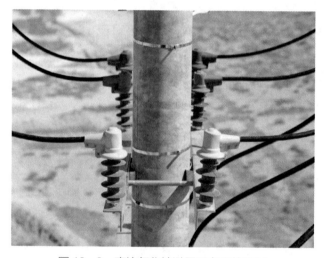

图 10-2　直连氧化锌避雷器布置效果图

图 10-3　直连氧化锌避雷器间距效果图

图 10-4 直连氧化锌避雷器引线连接效果图

10.2 防雷绝缘子安装

（1）防雷绝缘子根据用途可分为用于直线杆和耐张杆两种类型。用于直线杆的防雷绝缘子在绝缘子两端安装放电金具和引弧金具组成固定放电间隙，放电金具内段绝缘导线剥皮处理，建议每 3 基左右电杆加 1 处接地，多雷区应逐基加接地；用于耐张杆的防雷绝缘子在绝缘子两端分别安装放电金具和引弧金具组成固定放电间隙，耐张线夹内段绝缘导线剥皮处理，建议每基电杆加 1 处接地。本章中的防雷绝缘子主要用于直线杆。

（2）防雷绝缘子安装使用前检查绝缘护罩、引弧棒、下金属脚、绝缘子伞裙等元件完整性，引弧棒应无扭曲，伞裙无破损，防雷绝缘子如图 10-5 所示。

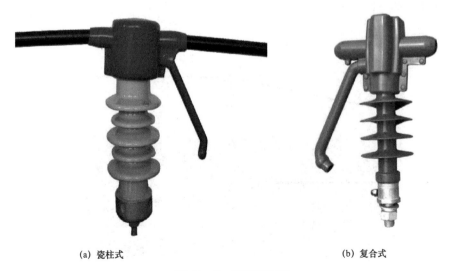

(a) 瓷柱式　　　　　　　　　　　　　　(b) 复合式

图 10-5 防雷绝缘子

（3）安装要求。

1）夹线槽应对准导线平行方向安装在横担和顶铁上，拧紧钢脚螺母，等同传统的柱式绝缘子安装方法，引弧棒朝向负荷侧，与线路在同一平面，防雷绝缘子安装效果如图10-6所示。

图10-6 防雷绝缘子安装效果图

2）防雷绝缘子与导线固定宜采用穿刺方式。需根据导线截面积及天气温度，用扭力扳手交替、对称拧紧压力螺母，观察看不见刺齿根部即可，然后备紧螺母，防止压力螺母松动。绝缘护罩装配在夹线金具的外部。

3）引下线可采用接地引上扁钢或绝缘导线（铜线不小于 $25mm^2$，铝线不小于 $35mm^2$），并与接地体可靠连接（见图10-7）。

图10-7 防雷绝缘子接地连接图

10.3 带间隙的氧化锌避雷器安装

（1）避雷器与线路柱式瓷绝缘子并联安装，架空绝缘导线通过引弧环或引弧棒与避雷器顶端保持合适的间隙，其下端与绝缘子底部连接并与接地极相连。每基电杆应加1处接地。

（2）施工前检查及安装要求与直连氧化锌避雷器和防雷绝缘子要求一致，带间隙的氧化锌避雷器安装效果如图10-8所示。

图10-8 带间隙的氧化锌避雷器安装效果图

10.4 架 空 地 线 安 装

架空地线架设于导线上方，可有效减少雷电直击导线概率及降低雷电在导线上引起的雷电感应过电压。架空地线对边导线的保护角宜采用20°～30°。每基电杆应加1处接地。钢管杆架空地线安装效果如图10-9所示，水泥杆架空地线安装效果如图10-10所示。因架空地线应用覆盖区域和应用场景有限，本章未考虑相应装置选型，允许设计人员在选用典设现有杆型时加装地线支架、调整杆头形式，并重新校验、调整杆身强度、电气间隙等相关参数以满足使用要求。

图 10-9　钢管杆架空地线安装效果图

图 10-10　水泥杆架空地线安装效果图

11

标 识 安 装

本章介绍线路标识安装，标识主要包括杆塔号及设备标识牌、相序标识牌、禁止类标识牌等。

11.1 杆塔号及设备标识牌

（1）杆塔标识牌、断路器等标识牌样式、尺寸参数如图11-1所示，字号可根据设备大小进行适当调整。

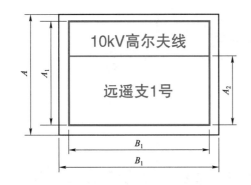

参数	尺寸（mm）
A	260
A_1	240
A_2	170
B	320
B_1	300

图11-1 塔标识牌、断路器等标识牌样式、尺寸

（2）架空线路杆塔标识牌的悬挂高度距地面不应小于 3m，宜采用带锁紧螺栓的不锈钢扎带固定。高、低压同杆架设时，低电压等级线路标识牌安装在高电压等级线路标识牌下方，杆塔号标识牌安装效果如图11-2所示。

图 11-2　杆塔号标识牌安装效果图

（3）柱上断路器、跌落熔断器、隔离开关（刀闸）等设备应安装设备标识牌。

1）柱上断路器标识牌上沿距开关支架 1m 处，与杆号牌方向一致，双杆柱上断路器标识牌安装效果如图 11-3 所示。

图 11-3　双杆柱上断路器标识牌安装效果图

2）"-1 隔离开关（刀闸）"标识牌安装在开关标识牌上方，"-2 隔离开关（刀闸）"标识牌安装在开关标识牌下方。

3）跌落熔断器标识牌安装在距离支架下方 1m 处。

11.2 相序标识牌

（1）相序标识采用黄、绿、红三色表示 A、B、C 相。排列方式采用从左至右或从上至下两种方式，材质采用铝板。

（2）相序标识规格尺寸如图 11-4 所示，安装在横担下方，相序牌安装效果如图 11-5 所示。

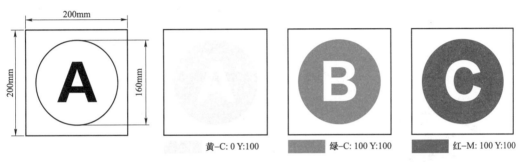

图 11-4 相序牌规格尺寸

图 11-5 相序牌安装效果图

11.3 禁 止 类 标 识 牌

禁止类标识牌长方形衬底色为白色，带斜杠的圆边框为红色，标识符号为黑色，辅助标识为红底白字、黑体字，字号根据尺寸、字数调整，禁止类标识牌规格尺寸如

图 11－6 所示。

参数（mm）		
A	B	A_1
200	160	46
D（B_1）	D_1	C
122	98	10

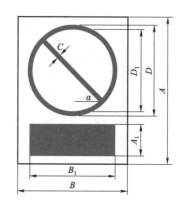

图 11-6 禁止类标识牌规格尺寸

图 11-7 "禁止攀爬 高压危险"标识牌

（1）"禁止攀爬 高压危险"标识牌（见图 11-7）：悬挂在户外高压配电装置构架的爬梯上、柱上变压器台架两侧电杆上、架空电力线路杆塔的爬梯上，标识牌底边距地面 2～4m。

（2）"禁止在保护区内建房"标识牌（见图 11-8）：线路附近存在施工建房风险的地段，应根据现场实际在邻近杆塔或保护区配置"禁止在保护区内建房"的禁止标识。

（3）"禁止在保护区内植树"标识牌（见图 11-9）：线路附近可能种植树木、竹子等高秆植物的区域，应在杆塔及线路保护区内配置"禁止在保护区内植树"的禁止标识。

（4）"禁止堆放杂物"标识牌（见图 11-10）：线路杆塔附近及保护区内有堆积杂物、砂石、垃圾风险的区域，应根据实际情况在线路保护区或邻近杆塔上配置"禁止堆放杂物"的禁止标识。

（5）"禁止取土"标识牌（见图 11-11）：线路杆塔及拉线附近存在取土风险的地段，应根据现场实际在邻近杆塔或保护区配置"禁止取土"的禁止标识。

图 11-8 "禁止在保护区内建房"标识牌　　图 11-9 "禁止在保护区内植树"标识牌

图 11-10 "禁止堆放杂物"标识牌　　　　图 11-11 "禁止取土"标识牌

（6）"禁止在高压线下钓鱼"标识牌（见图 11-12）：线路跨越鱼塘、河流、湖泊等存在钓鱼风险的区域，应在鱼塘、河流、湖泊附近或邻近杆塔上配置"禁止在高压线下钓鱼"的禁止标识。

（7）"禁止在高压线附近放风筝"标识牌（见图 11-13）：线路导线两侧 300m 内有广场、公园等存在放风筝风险的区域，应在广场、公园或邻近杆塔上配置"禁止高压线附近放风筝"的禁止标识。

（8）"禁止在线路附近爆破"标识牌（见图 11-14）：线路导线两侧 500m 内有石场、矿区，存在采矿炸石等风险的区域，应在石场、矿区或邻近杆塔配置"禁止在线路附近爆破"的禁止标识。

（9）"禁止烧荒"标识牌（见图 11-15）：线路附近有山火或烧荒风险的区域，应在杆塔及保护区内配置"禁止烧荒"的禁止标识。

图 11-12 "禁止在高压线下钓鱼"标识牌

图 11-13 "禁止在高压线附近放风筝"标识牌

图 11-14 "禁止在线路附近爆破"标识牌

图 11-15 "禁止烧荒"标识牌

（10）"禁止向导线抛掷"标识牌（见图 11-16）：线路附近有高大建筑物等，有向线路抛掷异物风险的地区，应在线路保护区内及邻近杆塔上配置"禁止向线路抛掷"的禁止标识。

（11）"禁做地桩"标识牌（见图 11-17）：线路保护区内有利用线路杆塔、拉线作起重牵引地锚等风险的区域，应在杆塔上配置"禁做地桩"的禁止标识。

图 11-16 "禁止向导线抛掷"标识牌

图 11-17 "禁做地桩"标识牌

11.4　其他标识

（1）杆塔警示标识（见图 11－18）：应在杆部距地面 300mm 以上面向公路侧沿杆一周粘贴警示板或喷涂警示标识，警示板或喷涂标识为黑黄相间，高 1200mm。

图 11－18　杆塔警示标识

（2）拉线警示标识（见图 11－19）：城区或村镇的 10kV 及以下架空线路的拉线，应根据实际情况配置拉线警示管，拉线警示管黑黄相间，黑黄相间 200mm。拉线警示管应使用反光漆，紧贴地面安装，顶部距离地面垂直距离不得小于 2m。

图 11－19　拉线警示标识

12 附属设施安装

本章介绍附属设施安装，主要包括防鸟设备、防撞墩、杆塔砌护、故障指示器、管口封堵装置等。

12.1 防 鸟 设 备

防鸟设备主要分为风力驱鸟器、防鸟挡板、防鸟刺等。

（1）风力驱鸟器（见图 12-1）安装于横担上，安装前应确认其轴承及转动结构良好可用。

图 12-1 风力驱鸟器

（2）防鸟挡板包括占位器、静电感应器，使用绝缘材料制成，安装于线路横担与电杆接触部位，可防止鸟类在线路横担上筑巢，占位器安装效果如图12-2所示，感应电型安装效果如图12-3所示。

图12-2　占位器安装效果

图12-3　静电感应器安装效果图

（3）防鸟刺安装时，应使防鸟刺展放至最大，阻挡鸟类在线路横担上停留和筑巢，防鸟刺安装效果如图12-4所示，防鸟针板安装效果如图12-5所示。

图12-4　防鸟刺安装

图 12-5 防鸟针板

12.2 防 撞 墩

在易受车辆碰撞的道路两侧与路口安装防撞墩,防撞墩规格应与锥形水泥杆相匹配,防撞墩安装效果如图 12-6 所示。

图 12-6 防撞墩安装效果图

12.3 杆 塔 砌 护

处于易受车辆碰撞的道路及农田、陡坡、洪水冲刷等位置的杆塔应设置混凝土(毛石)砌护平台,必要时可根据地形地质结构增设其他辅助防护设施,砌护效果如图 12-7所示。

图 12-7　杆塔砌护效果图

12.4　故障指示器

故障指示器宜安装在易观察巡视的位置，安装牢固，且不影响设备安全运行，故障指示器安装效果如图 12-8 所示。

图 12-8　故障指示器安装效果图

12.5　管口封堵装置

宜采用阻燃柔性材料管口封堵装置，固定封堵后不影响管壁和线缆护套层，安装后美观、可靠，管线封堵器安装效果如图 12-9 所示。

图 12-9 管线封堵器安装效果图